现代战争大杀器

吕　辉/编著

海豚出版社
DOLPHIN BOOKS
中国国际传播集团

前 言

在人类历史的历次战争中，重要的王牌武器往往扮演着至关重要的角色，它们以独特的性能、高超的精准度或巨大的破坏力等，成为决定战争胜负的关键因素。这些武器不仅在战场上造成巨大的杀伤力，还对战争进程和战略格局产生了深远影响。

第一次世界大战以来，随着科技的不断进步，重要的王牌武器种类和性能也得到了极大的提升。例如，机枪的出现彻底改变了排队作战方式，使得堑壕战的作用发挥到极致。在一战中，德国士兵仅凭少量机枪就能在防线上造成巨大的杀伤，展现了机枪强大的威力。同样，坦克和榴弹炮等重型武器的出现，也极大地改变了战争的形态和战术布局。在二战中，美国的原子弹以其毁灭性的威力，彻底改变了战争的进程和世界的格局。

在现代战争中，重要的王牌武器的作用更加凸显。它们不仅具备更高的精准度和破坏力，还拥有更强的隐身性、信息化和网络化能力。例如，隐身战斗机和无人机等先进武器系统，能够在不被敌方发现的情况下进行打击，极大地提高了作战效能。

综上所述，重要的王牌武器在战争中的作用不可小觑。它们以其独特的性能和威力，成为决定战争胜负的关键因素。同时，随着科技的不断发展，重要的王牌武器的性能和种类也将不断得到提升和拓展，为未来的战争带来更多的可能性和挑战。

在本书中，我们介绍的都是在历次战争中起到关键性作用的武器。

目录

● 王牌炸弹

● 王牌潜艇

● 王牌战舰

● 王牌轰炸机

● 王牌航母

王牌重机枪

　　重机枪主要用于杀伤中远距离的有生目标、压制火力点、射击薄壁装甲目标及低空目标，是步兵分队的重要武器。在远距离射程上有较好的射击精度和火力持续性，能够实施超越射击和散布射击。

　　重机枪是轻武器发展史上出现最早的自动化武器。1883 年，第一挺以火药燃气为能源的马克沁重机枪研制成功。在第一次世界大战中，较为著名的有法国 M1914 式霍奇克斯机枪。

　　重机枪主要由枪身、瞄准装置和枪架构成。枪身为导气式或枪管短后坐式，导气装置设有气体调节器，可调节火药燃气流量以适应各种条件下的射击。闭锁机构多为枪机回转式，也有的采用枪机偏转式、中间零件偏转式或滚柱闭锁式等，通常采用连发击发机构。枪管皆选用耐热、耐磨的优质合金钢材料。供弹方式多采用弹链供弹，并配有大容量弹链箱。一般采用威力较大的机枪弹和特种弹，如使用穿甲、燃烧、曳光以及组合作用的弹头，以增加对目标的毁伤效果。瞄准装置配有光学瞄准具和夜视瞄准具。

　　重机枪在历次战争中发挥了举足轻重的作用。它以其强大的火力和射程，成为战场上的压制利器。在阵地战中，重机枪能够有效阻止敌方进攻，为防守方提供强大的火力支援。在进攻时，重机枪也能为步兵提供火力掩护，降低敌方火力对进攻方的威胁。此外，重机枪在特定战场环境下也展现了出色的性能，为战争的胜利贡献了重要力量。

马克沁重机枪（美国）

■ 简要介绍

马克沁重机枪是英籍美国人海勒姆·史蒂文斯·马克沁于 1883 年研制的世界上第一种真正成功的以火药燃气为能源的自动化武器。1882 年，生于美国缅因州的马克沁赴英国考察时，发现士兵射击时肩膀常因老式步枪的后坐力被撞得青一块紫一块。这说明枪的后坐具有相当大的能量，这种能量来自枪弹发射时产生的火药气体。

马克沁受到启发，首先在一支老式的温切斯特步枪上进行改装试验，利用射击时子弹喷发的火药气体使枪完成开锁、退壳、送弹、重新闭锁等一系列动作，实现了单管枪的自动连续射击，并减轻了枪的后坐力。

1883 年，马克沁研制出了世界上第一支自动步枪。后来他又进一步探索，改变了传统的供弹方式，制作了一条长达 6 米的帆布弹链，在 1884 年制造出了世界上第一支能够自动连续射击的机枪。

马克沁重机枪获得成功后，许多国家纷纷进行仿制，一些发明家和设计师针对马克沁重机枪结构进行了改进和发展。

基本参数	
重量	27.2 千克
长度	0.895 米
枪管长度	0.673 米
枪口初速	744 米/秒
射速	550～600 发/分
操作人数	4 人

■ 性能特点

在马克沁重机枪出现以前，人们使用的枪都是非自动枪，子弹需要发一颗装一颗。而马克沁重机枪在发射瞬间，枪机和枪管扣合在一起，利用火药气体能量，通过一套机关打开弹膛、抛出空弹壳、供弹机构压缩复进簧使枪机推弹到位再次击发，这样可以一直射击下去，直到子弹带上的子弹打完为止，具有极大的杀伤力。

▲ 马克沁重机枪的实战应用

相关链接 >>

马克沁完成机枪设计后，本想秘密地进行射击试验，却不料走漏了风声，英国剑桥公爵殿下闻风赶到小作坊参观，而皇室一动，大批名流要人也都接踵而至。在众目睽睽之下，马克沁机枪的肘节机构像人的肘关节一样快速灵活地运动起来，子弹飓风般呼啸扫射。观者无不目瞪口呆。从此，马克沁和他的机枪名扬世界。

勃朗宁 M1917 重机枪（美国）

■ 简要介绍

勃朗宁 M1917 重机枪是由美国著名的枪械设计师约翰·摩西·勃朗宁于 20 世纪初设计的一种水冷式重机枪。1900 年，约翰·摩西·勃朗宁成功设计了采用枪管短后坐式原理的重机枪，并获得专利权。

1910 年，勃朗宁在美国犹他州奥格登堡制造了由他设计的水冷式重机枪样枪，但未受到军方的关注。美国在一战期间从法国购买了 M1915 绍沙机枪，该枪在射击过程中容易卡壳，动作可靠性也很差。1917 年，美国国防部开始在国内寻求一种性能可靠的机枪。美国战争部的一个委员在对勃朗宁设计的机枪进行试验时，大为满意，遂选中其作为制式武器，命名为勃朗宁 M1917 重机枪，然后开始大量生产。第一次世界大战结束后，该枪按照军方要求，针对一些不足进行改进。1936 年，勃朗宁 M1917 重机枪的改进型 M1917A1 重机枪被列为美军制式武器。在第二次世界大战期间，生产商向军方提供了近 5.4 万挺勃朗宁 M1917A1 重机枪。

基本参数	
重量	45.5 千克
长度	0.968 米
枪管长度	0.607 米
枪口初速	854 米 / 秒
射速	450~600 发 / 分
最大射程	900 米
操作人数	3 人

■ 性能特点

勃朗宁 M1917 重机枪采用枪管短后坐式工作原理，卡铁起落式闭锁机构。机匣呈长方体结构，内装自动机构组件。该机枪能发射 7.62 毫米 ×63 毫米的弹药，持续火力强，主要用于歼灭和压制 1000 米内的有生目标、火力点和薄壁装甲目标。枪管外套有容量 3.3 升水的套筒，用于冷却枪管，因而动作可靠。该枪枪管可在节套中拧进或拧出，以调整弹底间隙。

L.30 CARTRIDGES
BALL M2
N CARTONS
OT FA 4341

相关链接 >>

勃朗宁 M1917 重机枪采用弹带供弹，利用枪机后坐能量带动拨弹机构运动。它还配有三脚架，因此显得比较笨重。由于采用水冷结构，因而在高寒及无水地区不便使用。勃朗宁 M1917 重机枪曾被比利时、波兰等国家仿制。中国的汉阳兵工厂于1921 年仿造成功。

▲ 勃朗宁 M1917 重机枪的实战应用

勃朗宁 M1919 重机枪（美国）

■ 简要介绍

　　勃朗宁 M1919 机枪是美国勃朗宁公司于 1919 年生产制造的机枪系列。一战结束后，勃朗宁在 M1917 的基础上逐步推出了 M1919 的一系列机枪。由于笨重的水冷式机枪不适合装在飞机和坦克上，也不适合骑兵使用，所以勃朗宁将水冷式改为气冷式，推出了装在坦克上的 M1919 和 M1919A1，以及供骑兵使用的 M1919A2。这些机枪的自动方式未变，仍然是枪管短后坐式。此后，又研制出了 M1919A4 机枪，用以在中、近距离上对步兵进行火力掩护，还可以在侧翼支援步兵进攻，在防御阵地实施火力支援。但 M1919A4 在进攻中赶不上步兵的速度，所以不适合作为进攻性武器，美国武器局再次对其加以改进，于是出现了 M1919A6。M1919 系列机枪尽管不够完美，但其足迹还是遍布五洲，后来被装在了 M48、M60 主战坦克以及直升机上，都经受住了考验，仅在二战中就有 73 万挺 M1919 投放战场。

　　直到 20 世纪 80 年代，仍有许多国家的军队装备勃朗宁 M1919 机枪。在美国，该机枪最终被 M60 通用机枪所取代。

基本参数	
重量	14 千克
长度	1.041 米
枪口初速	853 米 / 秒
射速	400~500 发 / 分
最大射程	1400 米
操作人数	2~3 人

■ 性能特点

　　M1919 质量比 M1917 减轻了很多，既可车载又可用于步兵携行作战。该枪采用枪管短后坐式工作原理，卡铁起落式闭锁机构。枪弹击发后，枪机和枪管只共同后坐一小段行程，机匣中的两个开锁斜面同时下压闭锁卡铁两侧的销轴，迫使闭锁卡铁滑出枪机下部的闭锁槽，于是枪机开锁，脱离枪管节套，枪管节套在惯性作用下向后运动，压缩枪管复进簧。

勃朗宁 M1919 的射程和火力持续性虽都不错，但对于机动作战来说还是显得过于笨重。特别是它转移阵地时至少需要两人操作，过程中只要有一人负伤，枪身、三脚架、弹药三者中可能就有一部分将不能到达目的地。在实战中，很多情况下士兵只能依靠 M1919A4 的枪身来进行概略射击，其作战效能大打折扣。

▲ 勃朗宁 M1919 重机枪全貌

勃朗宁 M2 重机枪（美国）

简要介绍

勃朗宁 M2 大口径重机枪，是由约翰·摩西·勃朗宁于 1921 年推出的战争大杀器。M2 大口径重机枪的 12.7 毫米大口径弹药，由美国温彻斯特连发武器公司开发，主要是对抗一战时德国的 13 毫米口径反坦克步枪。

设计师勃朗宁和温彻斯特公司的技术人员合作，在 M1917 式勃朗宁重机枪的基础上研制了 12.7 毫米口径机枪，并于 1921 年正式定型，列为美军的制式装备，美军当时将其命名为 M1921。1932 年，美军对 M1921 进行改进后正式命名为 M2，常用于步兵架设的火力阵地及军用车辆，如坦克、装甲运兵车等，主要用途是攻击轻装甲目标，也用于攻击集结目标和低空的防御。为解决持续射击枪管容易过热的问题，美军于 1933 年又研制出了带重枪管的 M2 式机枪，称为 M2HB 式，后来更推出了可快速更换枪管的 M2QCB 及轻量版本，一直沿用至今，目前还有 50 多个国家装备这一武器。

基本参数	
重量	38千克（不包括三脚架）
长度	1.65米
枪管长度	1.143米
口径	12.7毫米
枪口初速	930米／秒
射速	485~635发／分（M2HB）
有效射程	1830米

性能特点

勃朗宁 M2 大口径重机枪采用大口径".50 BMG"弹药，射速每分钟 485 ~ 635 发，二战时航空所用版本为每分钟 600 ~ 1200 发，后坐作用系统令其在全自动发射时十分稳定，命中率亦较高。该枪发射".50"大口径枪弹，包括普通弹、穿甲燃烧弹、穿甲弹、曳光弹、穿甲曳光弹、穿甲燃烧曳光弹、脱壳穿甲弹、硬心穿甲弹、训练弹等。

▲ 勃朗宁 M2 重机枪细节

相关链接 >>

20 世纪 80 年代以后，随着部队装备的战斗车辆及飞机等防护性能的加强，原来的 12.7 毫米机枪的弹药系统对摧毁各种步兵战斗车辆已显得无能为力，所以这类机枪面临着在军队装备中被废弃的危险。FN 公司对其进行了重要改进。改进后的新系统使用性能更好。

M134 米尼岗机枪（美国）

■ 简要介绍

M134 米尼岗 6 管机枪，是美国通用电气公司（现为洛克希德·马丁军械系统公司）于 20 世纪 60 年代研制的机枪，这种高射速航空机枪主要装备在直升机上，也可作为机械化步兵的车载武器。

20 世纪 60 年代初，原通用电气公司将 M61"火神"航空机炮的 20 毫米口径按比例缩小成 7.62 毫米 ×51 毫米 NATO 步枪弹口径，发展出了一种速射多管机枪，在 100 米内的任何非重装甲物体都会被打穿。

最初，美国空军在此基础上重新设计发展出 7.62 毫米口径 6 管 GAU-2 型航空机枪，该机枪采用电力驱动，由一名驾驶员操作，用于美国空军的轻型飞机和直升机上，极高的射速威力惊人。

米尼岗 7.62 毫米速射机枪用途广泛，美国陆军型号称为 M134 型加特林速射机枪，美国空军型号称为 GAU-2 B/A 型，美国海军型号称为 GAU-17/A 型。目前，这种速射机枪最高射速高达每分钟 6000 发。

基本参数	
重量	15.9千克（不包括电动机和供弹机）
长度	0.8米
枪管长度	0.559米
枪管数量	6管
口径	7.62毫米
枪口初速度	869米/秒
射速	2000~6000发/分
最大射程	1000米

■ 性能特点

M134 米尼岗机枪有 6 根枪管，可进行转管射击。转管借助直流电机驱动。机匣是整体铸件，内部能够容纳一个转子，机匣内表面上有枪机滚轮运动曲线槽，旋转体前端安装 6 根枪管，有 6 个分别对应枪管的枪机。该枪发射 7.62 毫米制式枪弹，采用机头回转闭锁方式。闭锁时，枪机两侧凹槽分别与两个导轨扣合，枪机滚轮卡入机匣内表面的曲线槽中。

相关链接 >>

M134 米尼岗机枪供弹机构比较复杂，弹链通过塑料输弹带进入供弹机内。供弹机由转子带动，首先沿纵向直推枪弹脱链，然后将枪弹推进输弹轮的容弹槽内，输弹轮上共有 7 个容弹槽。由于靠电能驱动转子，该枪射速可以通过控制电机转速来进行调节。该枪采用机械瞄准具，瞄准具装在摇架上。机械瞄准具种类多，常用的是环形照门和柱形准星。

▲ M134 米尼岗机枪的实战应用

马克沁 M1910 重机枪（俄国/苏联

■ 简要介绍

M1910 重机枪，是俄国在 1910 年时仿制马克沁机枪的成果，它的仿制成功，对俄国及其后苏联的轻武器发展影响深远。早在 19 世纪末，俄国军队就感觉扣住扳机能连续泼洒弹雨的马克沁重机枪比传统的手摇加特林机枪好用。经过战争，俄国开始大量仿制马克沁重机枪并且大量装备军队。

1905 年，俄国将马克沁机枪改装使用铜制的水冷枪管套筒，称为 M1905。1910 年为方便制造，又改成与英国维克斯机枪相同的凹槽套筒，称为 M1910。1914 年俄国卷入一战，M1910 重机枪一直忠实地履行自己的战争职责。

直到 1942 年，他们在套筒上安装大型注水器，以便必要时在其中加入大量的雪。M1910 与英国和德国生产的马克沁机枪没有本质的差别，只是采用了独特的索科洛夫轮式枪架承载方式，即装在带轮子的车架上，并将机枪安装在转盘上。转盘上有小型钢制挡板，但这种挡板太小，用途不大，因此通常都会将其去掉。直到二战时，M1910 式重机枪仍旧在军队中使用。

基本参数

基本参数	
重量	45.2千克
长度	1.067米
枪管长度	0.721米
口径	7.62毫米
枪口初速	860米/秒
射速	500~600发/分

■ 性能特点

马克沁 M1910 重机枪的工作方式仍为枪机短后坐式，冷却方式由水冷式改为气冷式，口形握把之间有卡销，上拨为射击。其退弹过程是，按压进弹口右侧的掣爪压板并卸下弹链，后拉并松开拉机柄两次，用铅笔或类似工具检查枪管下方的抛壳口是否有枪弹，扣动扳机。它能发射 7.62 毫米枪弹，由 250 发弹链供弹，理论射速为每分钟 500 ~ 600 发。

相关链接 >>

马克沁 M1910 重机枪的不足之处在于其笨重的体型和易暴露的射击点。该重机枪重量较大，行军时需多人搬运，且弹药需单独携带，增加了部队的机动难度。同时，其火力虽猛，但射击时易暴露位置，使机枪手成为敌方重点打击目标，增加了战场风险。此外，随着自动火力的发展，其火力压制作用逐渐减弱，逐渐被更轻便、火力更强的武器所取代。

▲ 马克沁 M1910 重机枪不同角度的展示

SG43 郭留诺夫重机枪（苏联）

■ 简要介绍

SG43 郭留诺夫重机枪，是苏联枪械设计师郭留诺夫在二战期间设计的一款成功的武器。二战爆发时，苏联装备的重机枪依然是一战时期的 M1910 马克沁重机枪，虽然该枪性能稳定，坚固耐用，广受士兵好评，但苏联对新机枪的需求仍刻不容缓。

1941 年，苏联前线需要一种能够便于大规模生产的重机枪，以替代老旧的 M1910 马克沁重机枪。为此，科夫罗夫机械厂的郭留诺夫研制出了 SG43 重机枪，属于营级武器，在研制成功后，被部队大量地装备，在二战期间发挥了很大作用。在战争临近结束时，苏军把 SG43 机枪改进为 SGM 机枪。SGM 和 SG43 机枪均作为营级武器配发，并装在苏军装甲输送车上。SG43 使用捷格佳廖夫轮式枪架并可安装防盾，SGM 配用西多连科·马利诺夫斯基框形三脚架，两种枪架均能变换成高射枪架。20 世纪 60 年代，苏军换装 PK 7.62mm 通用机枪，SG43 重机枪随之被淘汰。

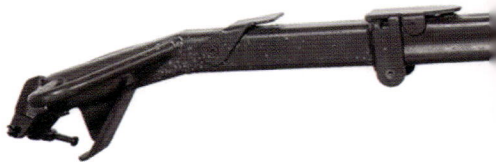

基本参数

基本参数	
重量	13.8千克（仅机枪） 41千克（包括轮式射架）
长度	1.708米
枪管长度	0.72米
口径	7.62毫米
枪口初速	800米/秒
射速	500~700发/分

■ 性能特点

SG43 郭留诺夫重机枪威力大、精度好，采用单程输弹、双程进弹的供弹机构，在供弹过程中是连续不断的，在推第一发枪弹进膛的同时，枪机带动取弹机向前，取弹钩便将在取弹位置的第二发枪弹钳住；拨弹滑板在枪机框带动下向左运动，准备拨第三发枪弹。因此，整个过程是"打响第一发，钳住第二发，待拨第三发"。

相关链接 >>

由于SG43郭留诺夫重机枪威力大、精准度高，仍有不少国家使用此款机枪。但是，轮式枪架加防盾造成全枪重量太重，行军携带不便；枪架火线高且枪身倾斜不能调节，不适应复杂的地形，特别是在山地丘陵环境下机动性不好；因为它采用双程供弹，所以供弹机构也比较复杂，架枪射击也很不便。

▲ SG43 郭留诺夫重机枪全貌

德什卡重机枪（苏联）

■ 简要介绍

德什卡重机枪是 20 世纪 30 年代初由苏联设计师捷格加廖夫设计的捷格加廖夫机枪系列中的一种。1925 年时，苏联红军需要一种大口径机枪作为低空防御武器，因此苏联就参照德国的 MG18 德莱塞设计出了第一种大口径重机枪，但在实际测试中却发现这种机枪的自动机并不可靠，而且射速也太低。

1928 年，设计师捷格加廖夫设计的 DP–27 轻机枪已经被苏联红军正式采用，他在 1930 年成功设计了一种 12.7 毫米的大口径机枪，并命名为 DK 机枪，1931 年被苏联红军正式采用。

该枪整个系统基本上是 DP–27 轻机枪的放大型，只是采用的是鼓形弹匣供弹具，每个弹鼓只能装 30 发枪弹，而且弹鼓的体积又大又重，因此战斗射速很低，不能令人满意。1938 年，另一位著名的苏联轻武器设计师斯帕金设计了一种转鼓形弹链供弹机构，增加了 DK 机枪的实际射速。经过改进后的捷格加廖夫大口径机枪，正式被苏联红军采用，并重新命名为德什卡重机枪。

基本参数	
重量	34千克(仅机枪) 157千克(包括轮式射架)
长度	1.625米
枪管长度	1.07米
口径	12.7毫米
枪口初速	850米/秒
射速	600发/分
有效射程	2000米

■ 性能特点

德什卡重机枪可装在索克洛夫轮架上，作为平射机枪使用。它可发射大威力的 12.7 毫米 ×108 毫米枪弹，杀伤集群有生目标和毁坏轻型装甲目标，也可作为高射机枪使用，对付低空飞行目标。其方向射界高射角度为 360 度，低射界角度为负 26 度至正 78 度之间，平射为 120 度，在高射时有效射程 1350 米，平射为 450 米，最大对空高度能达 2500 米。

▲ 德什卡重机枪陈列展出

相关链接 >>

在战争中，有军队曾用德什卡重机枪来对付低空飞机。总的来说，这款机枪的优点是结构简单、可靠性高、寿命长、威力大。但缺点也很明显，由于采用的 12.7 毫米×108 毫米的子弹，在威力大的同时，后坐力也是相当大，同时，由于枪身和轮架很重，移动起来并不方便。

NSV 重机枪（苏联）

■ 简要介绍

    NSV 重机枪是苏联在 20 世纪 60 年代为了替换老旧的机枪而研发的大口径重机枪。那时，苏联军队认为现有的重机枪精准度和机动性差，于是开始寻找一种新型大口径重机枪。在中口径通用机枪竞标中失败的尼克金和沙科洛夫不甘失败，拉上了伏尔科夫，在此前设计的中口径通用机枪基础上设计出了 NSV 重机枪，并于 1972 年被苏联红军采用。

    这种新型重机枪的第一次露面是在一次红场阅兵式上，作为 T64 坦克炮塔的高射机枪出现，开始苏联没有对外公开其资料，直到 20 世纪 80 年代公开了一些信息，才知道这种新机枪的名称为 NSV-12.7，是由 3 名设计师姓氏首字母组成的。即尼克金、沙科洛夫和伏尔科夫，这是俄语"悬崖"之意，是该计划开始时的代号，过去中文曾译为"岩石"。NSV 重机枪整体性能卓越，且多处结构有所创新，能与勃朗宁 M2 重机枪相抗衡。

基本参数

重量	25千克（机枪）
长度	1.56米
口径	12.7毫米
枪口初速	845米/秒
射速	700~800发/分
有效射程	防空：1500米 地面目标：2000米

■ 性能特点

    NSV 重机枪采用导气式原理，枪机偏移闭锁，还采用了前抛壳结构，这是考虑到大口径重机枪经常会用于车载，如果不采用前抛壳，滚烫的弹壳很容易落在车内。该机枪使用的典型枪弹有 BZ 穿甲弹和 BZT 穿甲燃烧弹，连发射速为每分钟 700 ~ 800 发。枪管前端装有大型喇叭状膛口防跳器，兼有消焰作用，能够防止夜间发射时的火焰伤害射手眼睛。

▲ NSV 重机枪在实战应用

相关链接 >>

早在 20 世纪 50 年代初，尼克金和沙科洛夫就合作设计了一种 7.62 毫米口径通用机枪，而同时米哈伊尔·卡拉什尼科夫也在进行相同的工作。经过对比试验后，苏军采用了卡拉什尼科夫的 PK 通用机枪。后来，因为尼克金和沙科洛夫、伏尔科夫设计的 NSV 重机枪基本结构取自原来的通用机枪，所以长时间被军事家误以为卡拉什尼科夫也有参与设计。

KPV 重机枪（苏联）

简要介绍

KPV 重机枪由苏联人制造，能发射 14.5 毫米 ×114 毫米弹药。在 1949 年，它被定位为步兵武器，但太大、太重。20 世纪 60 年代，被改为防空武器，能对 1500 米内低飞的飞机或直升机射击，装在坦克上使用效果也不错，被称为 KPVT。

KPV 重机枪由谢苗·弗拉基米洛夫设计，这款机枪重 49 千克，总长度接近 2 米，如果再加上拖车架，像是一门小口径火炮，整体重量将超过 100 千克，实际上它在个别军队中，确实曾被称为炮。

KPV 重机枪是一个系列，开发了多个版本，陆战版本就有 ZPU-1、ZPU-2 和 ZPU-4。ZPU-1 其实是单挺机枪，可以安装在更轻的两轮拖车架上，在作战时，需要展开脚架，但也可以安装在三脚架上固定。

ZPU-2 采用更结实的双轮拖车，车上携带 2400 发备用弹药，牵引状态下，总重量将近 1000 千克。

ZPU-4 则安装在更大型的四轮拖车上，这个拖车原本是为 25 毫米高射炮研发的。ZPU-4 整体重量达到了 1.8 吨，4 挺机枪的后坐力很大，作战时，需要展开千斤顶脚架后再射击。

基本参数	
重量	49.1千克
长度	2米
枪管长度	1.346米
口径	14.5毫米
枪口初速	976~1005米/秒
射速	550发/分
有效射程	3000米

性能特点

KPV 重机枪采用枪管短后坐自动原理，风冷式枪管长 1346 毫米，枪管外包裹着开孔的护套，枪口处有喇叭状消焰器，枪管可以快速更换，有一个提把，方便操作。该枪发射的子弹有碳化钨芯穿甲弹，其枪口初速度约每秒 1000 米，在 500 米距离上可以击穿 32 毫米均质钢装甲，可以轻松击穿轻型装甲、一般混凝土墙和沙袋等目标。

相关链接 >>

　　KPV 系列机枪曾出口到近 60 个国家，主要集中在亚、非、欧三大洲，它几乎参与了迄今为止所有规模较大的战争。ZPU-4 被证明是非常有效的直升机杀手，比固定翼飞机飞得更低更慢的直升机很怕遇到它，一轮精确的火力输出就能给直升机造成重创。

▲ 实战操作 KPV 重机枪

GShG-7.62 加特林机枪（苏联）

简要介绍

GShG-7.62 加特林机枪是一种由苏联武器制造商 KBP 仪器设计厂所设计和生产的高转速 4 枪管加特林式机枪，类似的枪械是 M134 "迷你炮"机枪，能发射 7.62 毫米 ×54 毫米俄罗斯步枪子弹。

1968 年，苏联图拉州的 KBP 仪器设计厂（现在的俄联邦仪器设计局）的艾伏坚尼伊·鲍里索维奇·戈斯、瓦西里·P·格里亚泽夫和阿尔卡季·G·希普诺夫开始了苏联加特林式机枪和机炮的研制工作。GShG-7.62 机枪在 1968 年至 1970 年期间与 Yak-B 12.7 式 4 管加特林式重机枪一起被研制出来，并在后面的竞选中击败了 TKB-041 式 6 管加特林式机枪。

经过一段时间的试验和修改，GShG-7.62 机枪终于在 1969 年（也有说是在 1970 年）正式服役，并一直服役到现在，在各种大大小小的地区冲突和战争中，曾经多次亮相。

基本参数

基本参数	
重量	18.5～19千克
长度	0.8米
口径	7.62毫米
枪口初速	820～850米/秒
射速	3500～6000发/分
最大射程	1000米

性能特点

GShG-7.62 加特林机枪，是一种拥有 4 个线膛枪管的高转速加特林式机枪，每个枪管的口径为 7.62 毫米，能发射 7.62 毫米 ×54 毫米步枪子弹。供弹方式为弹链，使用的弹链种类是不可散式弹链；该枪使用气动式及转拴式枪机操作，发射模式只有全自动，火药弹首发起动，枪口初速可达到 820 ～ 850 米 / 秒、发射速率为 3500 ～ 6000 发 / 分，最大射程为 1000 米。

相关链接 >>

GShG-7.62 加特林机枪常见用法是将两挺 GShG-7.62 机枪与一挺 Yak-B 12.7 机枪组成机枪荚舱，装在米 -24 "雌鹿" 武装直升机上使用；GShG-7.62 机枪也被装在了 Ka-29 "卡莫夫" 直升机的可转动型机枪架上。如今，GShG-7.62 被改装成单人操作的固定机枪，装在车辆和直升机上使用。

▲ GShG-7.62 加特林机枪全貌

马克沁 MG08 重机枪（德国）

■ 简要介绍

马克沁 MG08 重机枪，作为第一次世界大战中德军使用最广泛的重机枪之一，其威力和影响力在军事历史上留下了深刻的印记。MG08 重机枪由海勒姆·马克沁于 1884 年发明的马克沁机枪发展而来，并在 1908 年由德国正式采用。

MG08 重机枪采用水冷式枪管，通过冷却水为枪管降温，确保机枪在长时间射击中不会因过热而损坏。供弹系统使用的是帆布制成的不可散式弹链，虽然受雨雪水影响且重复使用次数有限，但其可靠性在实战中得到了验证。

MG08 重机枪配用的四脚架虽然增加了机枪的整体重量，但在使用时却提供了极好的稳定性。

MG08 重机枪在第一次世界大战中，以其强大的火力和持续的射击能力，成了德军坚守阵地的重要武器。特别是在索姆河战役中，德军依靠 MG08 重机枪，一天之内就造成了英法联军重大伤亡，充分展示了其恐怖的杀伤力。MG08 重机枪的出现，不仅改变了战争的面貌，也推动了各国对机枪等重火力武器的重视和发展。

基本参数	
重量	26.5千克
长度	1.175米
枪管长度	0.72米
口径	7.92毫米
枪口初速	900米／秒
射速	450~500发／分
有效射程	2000米
最大射程	3500米

■ 性能特点

马克沁 MG08 和其他马克沁重机枪一样，采用后座作用式，即利用把子弹弹出的后坐力去完成退弹壳和重新上弹。枪口保护罩兼做消焰器，通常还会加装一个圆形的小护盾以防止流弹、弹片破坏冷却水套筒。理论上马克沁机枪只要有冷却水和子弹就能一直射击，为了保证 MG08 马克沁重机枪的火力持续性，采用 250 发子弹金属弹链。

相关链接 >>

　　尽管马克沁 MG08 重机枪在第一次世界大战中表现出色，但随着技术的进步和战争需求的变化，德国在后续研制出了性能更优越的 MG34 和 MG42 通用机枪。在第二次世界大战期间，由于 MG34 的产量不足，MG08 重机枪仍然在德军二线部队中服役，直到战争结束，在军事历史上留下了不可磨灭的印记。

▲ 马克沁 MG08 重机枪全貌

MG42 通用机枪（德国）

■ 简要介绍

MG42 通用机枪，是德国金属冲压专家格鲁诺夫博士于 1942 年在 MG34 基础上改造出的射速极快的通用机枪。MG34 凭借其可靠性和出色的射击性能，得到了德国军方的肯定，但它有一个比较严重的缺点，就是结构较复杂，制造会耗费大量的工时和材料。

二战时，需要的是可以大量制造和装备部队的机枪，军方要求武器研制部门对 MG34 进行改进。德国专家针对 MG34 有过多种改进方案，其中一种据说是受波兰战役中缴获波兰的一款机枪设计图的启发，由德国金属冲压专家格鲁诺夫博士改造完成。这个方案由于超出其他改进方案而中标，这就是 MG42 通用机枪。

该枪采用金属冲压工艺进行制造，不仅节省了材料和工时，也更加紧凑。由于 MG42 射速极快，被视为"步兵的噩梦"。它射击时发出的声音像急速开动的电锯一样可怕，美国士兵称其为"希特勒的电锯"，苏联士兵称其为"亚麻布剪刀"。

基本参数	
重量	11.57千克
长度	1.22米
枪管长度	0.533米
口径	7.92毫米
枪口初速	755米/秒
射速	900~1500发/分
有效射程	1000米
最大射程	5000米

■ 性能特点

MG42 通用机枪的射速非常惊人，可高达每分钟 1500 发。同时它又可靠、耐用、简单易操作且成本低廉。MG42 即使在零下 40℃的严寒中，依然可以保持稳定的射击速度。MG42 更换装置非常简单，更换一支枪管只需要几秒钟时间。MG42 的缺点恰恰是由它的优点带来的，就是耗弹量极大，机枪手往往连续扫射 5 秒钟，125 发子弹就打光了。

▲ MG42 通用机枪侧面

相关链接 >>

MG42 通用机枪刚刚诞生并装备部队的时候，在很多谍报人员看来，这是一款粗制滥造的武器。当时雪片般的报告飞向华盛顿和伦敦，内容都是：德国已经不行了，他们极度缺乏原材料。不过，当美英枪械制造专家弄清情况以后却大吃一惊。采用冲压技术的德军在机枪制造方面，已经远远领先了他们！

92 式重机枪（日本）

简要介绍

92 式重机枪是日本 1932 年以霍奇克斯机枪为蓝图推出的重型机枪。1896 年，日本看好法国新研发的导气式机枪，便购入 4 挺用来试验。1898 年炮兵会议议员和霍奇克斯工程师一起在日本对霍奇克斯机枪进行了测试。1901 年，日本陆军购买了霍奇克斯 Mle1897 年型机枪的生产专利和 50 挺样枪，1902 年开始大量生产这种机枪，并称为保式机关炮。霍奇克斯还专门为日军研发了使用 30 年式 6.5 毫米步枪弹的出口型。1909 年南部麒次郎又进行了十多项改进，1914 年设计定型了三年式重机枪，到 1933 年停产，共生产了 3000 挺左右。

进入 20 世纪 30 年代后，飞机的使用越来越广泛，日本生产出来的六五曳光弹可靠性极差；同时随着汽车装备越来越多，日军不得不增加重机枪的口径。1932 年，便以三年式重机枪为基础，开发出了使用 7.7 毫米子弹的 92 式重机枪。

基本参数	
重量	55.3 千克
长度	1.156 米
枪管长度	0.721 米
口径	7.7 毫米
枪口初速	800 米 / 秒
射速	400～450 发 / 分
有效射程	800 米
最大射程	4500 米

性能特点

92 式重机枪的枪身和枪管布满散热片，配备 92 式或 96 式光学瞄准镜。它使用精准度更高的 7.7 毫米枪弹，射速平均每分钟 500 发，精准度较高。射程比一般步枪要远，200 米穿甲弹可以击穿 12 毫米钢板，500 米可以击穿 8 毫米钢板，战场上威力极大。但由于整挺机枪达到近 60 千克，不是随便一个成年人拿得起来的。

92式7.7毫米重机枪
（日本造）

相关链接 >>

92式重机枪的寿命不长，日军在二战投降后就基本不生产使用了。整个战争中一共生产了4万多挺。由于92式重机枪使用的是7.7毫米子弹，弹药通用性较差，子弹威力也略显不足，已经不适合继续升级改造。

▲ 92式重机枪全貌

霍奇克斯 M1914 重机枪（法国）

■ 简要介绍

　　霍奇克斯 M1914 重机枪是由法国霍奇克斯公司研发的，是 M1897 重机枪的改良型。1867 年，美国人班杰明·霍奇克斯来到法国，在 1875 年开设霍奇克斯公司。1892 年，一名瑞典军官发表了一份导气式枪械运作的设计方案，霍奇克斯公司用钱把此设计版权买断了，以此发展出了霍奇克斯 M1897 重机枪。

　　霍奇克斯重机枪开创的风冷式散热使得重机枪不再是笨重的代名词，包括二战时德国的 MG 系列通用机枪也大量使用风冷设计，该枪性能优秀、稳定，某种意义上来说是开创了现代机枪的先例。

　　霍奇克斯 M1914 重机枪参加了第一次世界大战。1916 年的凡尔登战役期间，法军一个阵地上的两挺霍奇克斯 M1914 重机枪在 10 日内射出了 15 万发子弹，令该处的法军坚守了 10 日。另一个霍奇克斯重机枪的主要使用国是日本，明治时代至二战结束，日本所使用的重机枪大多是霍奇克斯重机枪和其仿制型，如 92 式。

基本参数	
重量	24.4千克（仅机枪） 46.8千克（包括三脚架）
长度	1.39米
枪管长度	0.8米
口径	6.5毫米、7毫米、8毫米、11毫米
枪口初速	724米/秒
射速	450发/分
有效射程	800~2400米

■ 性能特点

　　霍奇克斯 M1914 重机枪为导气式风冷重机枪，枪管有 5 片散热片，在枪管下有导气管，扳机为手枪式，在机身后方有环状把手以方便扫射，而它最特别的是用 24 发装金属制保弹板供弹；后期采用可拆式弹链供弹，填装效率大大超过了马克沁机枪。此外，为了防止不停开火的枪管发热，霍奇克斯机枪的枪管可以很方便地更换。

Lufttygd kpe av typ Hotchkiss. Kalibern är 6.5
millimeter och den skjuter 8 _ 10 skott per
sekund.

▲ 霍奇克斯 M1914 重机枪的实战应用

相关链接 >>

　　霍奇克斯重机枪可以安装在 3 种平射枪架上使用，分别是 1914 年式、1915 年式和 1916 年式枪架，其中 1916 年式枪架使用最为普遍。在对空目标实施射击时，还可以把该枪安装在专门的高射枪架上。霍奇克斯重机枪的枪管可以随时更换，这样就可以解决不停开火时枪管过热的问题。

布雷达 37 重机枪（意大利）

■ 简要介绍

布雷达 37 重机枪是意大利埃内斯托·布雷达公司在 1937 年推出的制式重型机枪，也是意大利军队在二战中使用最多、最得心应手的一种重机枪。在一战战场上，各国都见识到了机枪的杀伤力，所以一战结束后，各国都开始了武器装备的竞赛。意大利军工巨头埃内斯托·布雷达公司之前曾研制过布雷达 30 型机枪，但由于外形并不好看，且一些不必要的凸出设计会导致士兵的衣服或者其他武器装备被钩住，士兵认为它是不成功的一款机枪。

直到 20 世纪 30 年代中期，意大利军队的主力重机枪仍是一战时期列装的菲亚特 - 列维利 M1914 型，性能已显落伍，意大利军队在 1933 年提出开发新型重机枪。经过研究，意大利军方于 1935 年确定新型重机枪的口径为 8 毫米，并在同年推出了 8 毫米布雷达机枪弹。在新弹定型后，意大利军方开始重机枪选型，在对多个方案进行比较后，于 1935 年 11 月宣布布雷达公司胜出，经过改进测试后于 1937 年正式列装，命名为布雷达 37 重机枪。

基本参数	
重量	19.4千克（机枪） 38.2千克（包括三脚架）
长度	1.27米
枪管长度	0.635米、0.78米
口径	7.92毫米、8毫米
枪口初速	800～900米／秒
射速	200～450发／分
有效射程	800～1000米

■ 性能特点

为了适应北非地区干燥的自然环境，布雷达 37 重机枪采用了气冷方式和导气式自动原理，在设计过程中，参考了法国霍奇克斯重机枪，两者从外观到结构颇有相似之处。为了提高枪管的热容，同时达到持续射击 1000 发的指标，布雷达 37 重机枪的枪管非常厚重粗壮。在通常情况下，布雷达 37 重机枪在持续射击 450 发后就要更换枪管冷却，单根枪管的使用寿命为 20000 发。

相关链接 >>

布雷达 37 重机枪保持了意大利枪械出色的铣削工艺水平，做工精良，充分保证了机件运作的可靠性和持久性。得益于合理的设计和优良的品质，布雷达 37 重机枪的性能相当不错，但较为明显的缺陷是重量较大，几乎是同时期其他重机枪的两倍，对于机械化水平较低的意大利军队而言是一个负担，战场机动性欠佳。

▲ 布雷达 37 重机枪全貌

王牌火炮

自火炮诞生以来，研发口径越来越大，射程越来越远。法国科幻小说家儒勒·凡尔纳甚至曾经幻想用超级大炮向月球发射炮弹，让人类坐在炮弹里去月球旅行。

第一次世界大战期间，德国研制出"巴黎大炮"。第二次世界大战期间，纳粹德国开发出多款超级火炮。二战结束后，超级火炮的研究没有停止。苏联研制出的2A3型自行火炮，口径达406毫米。美国研制出的M65"原子安妮"火炮，口径280毫米，可发射战术核炮弹。

2018年，美国军方首次提出研制超级火炮的计划，该计划由美国陆军作战能力发展司令部负责，后来被命名为"远程精确打击"项目，不过直到2020年初，该项目仍处于可行性研究阶段。

火炮在历次战争中扮演着举足轻重的角色。在一战和二战中，火炮成为陆军基本火力支援手段，提供持续、大范围、高精度的火力打击。在各种战场上，火炮能占据制高点，对敌方地面目标形成威慑，有效控制战场。现代战争中，火炮更可与导弹系统结合，实现远程精确打击。火炮的发展与应用，深刻影响了战争形态与进程。

巴黎大炮（德国）

简要介绍

巴黎大炮是 1918 年由德国克虏伯公司研制、口径为 209.8 毫米的一门超级大炮。第一次世界大战末期，德国的埃尔哈特博士想要在心理上给予敌人巨大压力，于是设计了一种超级大炮，它以炮身长 17 米的海军炮为原型，不仅加粗加长了炮身，还在炮身上方安装了悬臂支架，还专门设计了可在铁轨上机动的底盘。这门大炮最初由克虏伯制造公司生产，以总裁贝尔塔·克虏伯夫人的名字命名为"大贝尔塔"炮。

后因 1918 年 3 月 23 日开始用于炮击法国首都巴黎，被称为巴黎大炮，是当时体积最大的火炮，直到第二次世界大战时才被史威尔·古斯塔夫炮和 V-3 炮超越。其炮弹能发射到 40 千米的高空，是第一个达到平流层的人造物品。因为炮弹发射的速度较快，每一次发射时炮管内一大块铁都会被摩擦掉，所以每一发炮弹会比上一发要大。当 65 发炮弹发射完后，炮管会被重新修整到 240 毫米的口径。

基本参数	
重量	256吨
长度	34米
口径	211毫米，后来加大至238毫米
操作人数	80人
炮弹重量	125千克
最大射程	130千米

性能特点

巴黎大炮可以把一枚 98 千克重的炮弹发射到 40 千米的高空，且飞行 130 千米；每发炮弹能达到 1600 米 / 秒的速度，在当时的武器装备中算得上是威力最大的一款武器了。不过虽然威力巨大，但携带炮弹仅有几发，而且排管要经常进行更换，射击准确度非常低。由于其载体是火车，必须在轨道上进行运输，这也导致它最终落得被销毁的命运。

▲ 复杂的巴黎大炮

相关链接 >>

　　1918年3月23日7时20分，一声巨响突然在法国巴黎塞纳河畔响起。之后，每隔15分钟左右就有爆炸声在巴黎城内响起，一直持续到下午。从此日至8月9日，3门巴黎大炮从不同位置向巴黎共发射了300多发炮弹，其中有180发落在市区，其余的落在了郊外，造成200多人死亡、600多人受伤。

卡尔重型臼炮（德国）

■ 简要介绍

卡尔重型臼炮，是德国一战后至二战时期，于1934年开始由莱茵金属公司设计，并于1935年生产的新型600毫米自行迫击炮。是战争历史上所建造的最大口径的重型臼炮，赛过重型坦克，有人称他为"超级战车"。

1934年，希特勒上台伊始便积极扩军备战，为发动侵略战争做准备。为了能攻陷马奇诺防线一类坚固的设防工事，希特勒对一些重型兵器青睐有加，重型臼炮便是其中的秘密武器之一。1935年，德国莱茵金属公司投入新型臼炮的研制中，次年3月又提交了一份可行性建议书。方案中这种800毫米火炮因炮弹重达4吨而被军方否定。之后通过多次修改，军方于1937年8月以"040号设备"的制式号批准生产，这时负责参与生产指导的炮兵将军卡尔·贝克对这种重炮寄予厚望，认为一旦集中使用数门重炮肯定是无坚不摧。不过他担心生产进度赶不及战争爆发，于是建议打破先预产再量产的常规，先生产6门火炮。在他的一再坚持下，这个完全打破标准程序的建议才得以通过，这也是将这种重炮命名为"卡尔"的原因。

基本参数

重量	124吨
长度	11.37米
宽度	3.16米
高度	4.78米
操作人数	16人
口径	卡尔臼炮040型600毫米 卡尔臼炮041型540毫米
射速	6~12发/时
最大射程	高爆弹：大约6500米 穿甲高爆弹：大约4320米

■ 性能特点

卡尔重型臼炮起初装备的是口径600毫米臼炮，但是设计时留出了余地，因此也可换装口径540毫米臼炮以增大射程，其战斗全重顶得上2辆重型坦克的重量。一开始卡尔使用的是弹长2.511米的重型混凝土穿甲弹，重2.17吨，内装280千克高爆炸药。这种炮弹可以贯穿2.5米厚的强化混凝土工事然后爆炸，最大射程为4320米。

▲ 卡尔重型臼炮展示

相关链接 >>

1944 年 8 月 1 日，波兰人民对德国占领军发动了规模浩大的武装起义。德国随即调集重兵镇压华沙起义军，其中有装备卡尔巨炮的第 628、428 重炮兵连。在 63 天的战斗中，起义军和华沙市民大量牺牲在卡尔的炮弹之下，这种巨炮扮演了极不光彩的屠杀者角色。

K5（E）型280毫米利奥波德列车炮（德国）

■ 简要介绍

　　K5（E）型280毫米利奥波德列车炮于1934年由德国老牌军工厂克虏伯设计，管长约21.54米，实际口径达283毫米，是超大型列车炮。19世纪中叶后，随着火炮技术的发展，各国开始尝试在铁道载具上装火炮，以补充可移动的远程打击力量。随后经过不断改良以及增大火炮口径，直至第一次世界大战时期更创高峰，欧美列强均争相发展并拥有自己的铁道炮。

　　由于德国在一战中败北，1933年纳粹党上台后，便不顾《凡尔赛条约》重整军备，将铁道炮进行重点发展及现代化。1934年，德军方提出大口径火炮的设计要求是达到50千米的射程。老牌厂家克虏伯的设计师们广泛地应用了之前进行火炮理论研究所积累的经验，并拿出了方案，该方案在各方面都做到了很好的均衡，同时具备便利的操作行程，有效荷载下有令人满意的口径。又经过对150毫米口径型号的对比试验，最终，口径定为280毫米。1940年至1942年期间，德国人又发展出了重为248千克的火箭增程弹，从而使利奥波德列车炮的射程提高了不少。

基本参数	
重量	218吨
长度	30米（移动模式） 32米（发射模式）
炮管长度	21.539米
口径	283毫米
射速	15发/时
最大射程	150千米

■ 性能特点

　　利奥波德列车炮由前后两组6轴各12个铁道轮平台车承载，其炮管采用深膛线，炮管不需抬起，支撑在普通炮架上，用两台12轮的铁道车运输。调整主炮的射角，则由炮身两旁各一组的液压装置及一组中央液压缓冲器负责，加上铁道上的地台转盘，使该炮可做360度旋转，成为最有威力的机动武器。

▲ K5（E）型 280 毫米利奥波德列车炮开炮

相关链接 >>

　　利奥波德列车炮是二战前期至中期德国设计最成功的铁道炮。1944 年，两门利奥波德列车炮曾将同盟国部队封锁在意大利安齐奥滩头，给盟军士兵带来了极大的伤亡，于是便有了另一个绰号——安齐奥特快。同盟国部队突破古斯塔夫防线后，方才解除德军对安齐奥的包围，并将缴获的这两门大炮送到美国进行测试评估。

古斯塔夫列车炮（德国）

简要介绍

古斯塔夫列车炮是由德国克虏伯兵工厂制造的超重型火炮。希特勒上台后不久，便处心积虑地研究征服世界的策略。为了突破法国人构筑的马其诺防线，他下令研究超重型火炮。陆军兵工署提出，这种重炮的射程应在32千米以上，炮弹的威力要能穿透1米厚的钢板或2.5米厚的钢筋混凝土墙。克虏伯兵工厂在接受任务后，对当时所有的野战火炮、铁道炮、要塞炮进行研究后认为，现有武器无法达到要求，至少要用700毫米口径的巨型火炮才能摧毁马其诺防线。1936年3月，希特勒亲自视察了兵工厂，决定试制800毫米口径的火炮。

1942年初，他们终于制成了这门超重型巨炮，它用克虏伯家族的"古斯塔夫"前缀来命名。该型巨炮共生产了两门，第二门则以工程师妻子的名字命名为"多拉"。8月中旬，该巨炮被运往斯大林格勒（今伏尔加格勒），但是德国在此战中惨败。1944年，"多拉"会同"卡尔""洛奇""迪沃"等巨型臼炮参与对华沙起义的镇压行动。1945年4月，德国工程师拆除了"多拉"，盟国军队缴获了这门巨炮的部件。

基本参数	
重量	1350吨
长度	47.3米
炮管长度	32.48米
宽度	7.1米
高度	11.6米
口径	800毫米
射速	每30～45分钟射击一发或一天内可射击14发
最大射程	48千米

性能特点

古斯塔夫列车炮炮口口径为800毫米，总重量更是达到了惊人的1350吨，整门大炮足足有4层楼高，是当时世界上最大的大炮，也是纳粹德国最令人恐惧的武器之一。这款大炮能发射7.1吨重的穿甲弹和4.8吨重的高炮弹，曾创下只用6枚炮弹就将重点防御的军事要塞彻底轰平的奇迹。

▲ 古斯塔夫列车炮正面

相关链接 >>

1942 年夏天，希特勒调集 237 个师的兵力，在苏德战场南部地区发动大规模进攻。苏军在塞瓦斯托波尔战略要地筑起坚固的防御工事和地下 30 米的秘密弹药库，决心进行持久防御。不料一天上午，德军利用古斯塔夫列车炮发射的巨型炮弹击中了弹药库，引起链式反应般的弹药爆炸，毁灭了这座无比坚固的地下建筑物。

SK C/34型406毫米舰炮（德国）

简要介绍

SK C/34型406毫米舰炮是德国克虏伯公司预备给1939年铺下龙骨但从来未完成的H级战列舰所使用的岸防炮。1940年7月16日，希特勒下令要求在加来半岛建立海岸炮兵阵地，用于封闭多佛尔海峡，并保护德国入侵舰队在起航阶段的安全。由于建立海岸炮兵阵地需要花费时间，第一批在指定区域就位的重炮部队是于1940年8月开始陆续抵达的陆军铁道大炮。SK C/34型406毫米舰炮原来是为德国海军H级新型战列舰安装的舰炮，原本计划打造6艘，结果一艘也没建成，因而将SK C/34配发给了重炮部队，又称阿道夫巨炮。它们使用的三座炮台分别被命名为"安东""布鲁诺"和"凯撒"。"安东"和"凯撒"炮台在1942年6月投入使用，而"布鲁诺"炮台于7月投入使用，但实际上即使在投入之时，它们厚重的混凝土外壁还没有顺利完工。部署于挪威境内的4门巨炮一直服役到1964年才退役，其中一门被改造为博物馆保存至今。

基本参数	
重量	110.7吨
长度	30米（移动模式） 32米（发射模式）
炮管长度	21.5米
口径	406毫米
射速	2发/分
最大射程	56千米

性能特点

SK C/34型406毫米舰炮，威力巨大，火炮的膛线数量为90条，膛线深度恒定为4.5毫米，宽恒定为7.76毫米。600千克弹丸射程可达56千米，而穿甲弹更达到1000千克重。工作膛压为3200千克/平方厘米。舰炮设置有旋转和俯仰结构，可以调整射击方位，炮身上有很多可以调整方位角的仪表。

相关链接 >>

　　SK C/34 型舰炮还有一种 380 毫米口径的，是德国史上最大的战舰"俾斯麦"级战列舰的主炮，其也因"俾斯麦"号和"提尔比茨"号传奇的服役生涯而广为人知，随着 1941 年 5 月 24 日早上击沉英国皇家海军的"胡德"号战列巡洋舰而备受关注。

▲ SK C/34 型 406 毫米舰炮全貌

小大卫迫击炮（美国）

小大卫迫击炮是第二次世界大战时期美国研制的最大口径火炮。

1944年6月，美国、英国和加拿大的军队登陆诺曼底海滩，在欧洲开辟第二战线，日军在太平洋控制的领土也迅速缩小。

美军考虑到可能将遭遇非常强大的防御工事。因此，美国陆军决定制造一款比依阿华级战列舰上410毫米口径的舰炮还要大的炮。

这种新武器被称为"小大卫"，是914毫米口径迫击炮，它是有史以来美国建造的最大口径炮之一，和英国的马利特迫击炮口径一样。但是1945年2月至3月的实战证明，这种巨大的武器对硫磺岛上的日本掩体根本无效。

基本参数	
重量	78吨
炮管长度	6.7米
口径	914毫米
最大射程	6.9千米

■ 性能特点

小大卫迫击炮的金属基座是个放置在地下的5500毫米×3360毫米大型钢箱，重量超过46吨。小大卫专用T1-HE炮弹弹头呈长锥形，底部有凹凸纹路保证与炮管的膛线重合以达到可靠封闭。炮弹质量为1678千克。在水平位置时，用起重机将T1-HE炮弹送入炮筒，由于大炮的射程小于9千米，而且准确性有限，因而其实用性值得怀疑。

相关链接 >>

　　二战时期，小大卫迫击炮被改造成一个两件式的移动装置，由 36 吨的炮管和 42 吨重基座组成。日本投降后，这个巨型大炮变得没必要了，因此，小大卫迫击炮从未参加过实战，它目前放在美国马里兰州阿伯丁试验场。

▲ 运输中的小大卫迫击炮

MK-7型406毫米50倍身管舰炮
（美国）

■ 简要介绍

MK-7型406毫米50倍身管舰炮，是美国20世纪30年代末40年代初研制的MK-2型的现代化改进型，也是已知威力与大和级460毫米主炮最为接近的舰炮。1943年2月装备在"依阿华"级战列舰上，从此成为该级战列舰的主炮和"蒙大拿"级的设计选用主炮。

美国海军军备局在设计依阿华级战列舰时，原本计划使用装备在南达科他级战列舰的MK-2型406毫米50倍径舰炮，但是后来决定依阿华级战列舰要装配更轻、更紧致的全新三联装炮塔，MK-2型舰炮过于庞大无法装进新式炮塔。同时，MK-2型舰炮虽然威力巨大，但仅每根身管就重达130吨，如果在新型战列舰上采用，就只能使用双联装炮塔。如果要使用三联装炮塔，由于炮塔直径过大，船宽将超过33米，无法通过巴拿马运河。

在此情况下，美国海军军备局决定发展MK-1的轻量型。这一项目于1938年开始研制，后定型为MK-7型舰炮并投入生产。1943年2月，MK-7型406毫米身管舰炮开始装备于依阿华级战列舰上，之后陆续装备于各战列舰上。

基本参数	
重量	122吨
长度	20.73米
炮管长度	20.3米
口径	406毫米
最大射程	38千米

■ 性能特点

MK-7型406毫米舰炮的身管由内身管、外身管、套管三层组成，最上层为炮塔及3根炮管，每根炮管可独立俯仰运动，进行高低瞄准；炮塔内装有光学瞄准镜和测距仪等观测仪器。炮的内身管有96条膛线，每25倍口径距离旋转一圈；为了减缓烧蚀，内身管采用了镀铬技术。该炮可发射MK-8式穿甲弹和MK-13、14式榴弹、MK-19式杀伤弹。

▲ 战舰上的 MK-7 型 406 毫米 50 倍身管舰炮

相关链接 >>

依阿华级战列舰，是美国海军排水量最大的一级战列舰。1945 年 9 月 2 日，标志着第二次世界大战结束的日本无条件投降的签字仪式就是在停泊在东京湾上的依阿华级战列舰"密苏里号"的主甲板上举行的，本级舰因而闻名于世。

M65 型原子炮（美国）

■ 简要介绍

M65 型原子炮，正式名称为 280 毫米 A 型炮，是美国于 20 世纪 50 年代冷战时催生的一种专门用于发射核炮弹的牵引式加农炮，所以又有"冷战魔炮"之称。

20 世纪 50 年代初，美国开始研制专用于发射核炮弹的牵引式加农炮。1953 年 5 月，美军在内华达州原子武器试验场进行了第一发原子炮弹射击试验，同年 10 月将该炮定名为 M65 型 280 毫米 A 型炮，并投入生产。

1953 年 5 月 25 日，在内华达州，由美国陆军第 867 野战炮兵营对 M65 型原子炮进行了第一次射击试验，并于同年装备使用。至 1963 年，M65 由于自身的缺陷，被"诚实约翰"战术导弹所取代。美军把几门 M65 型原子炮拉回国内封存起来，之后停止了生产。

基本参数	
重量	83.3吨
长度	26米
宽度	4.9米
高度	3.7米
口径	280毫米
有效射程	30千米

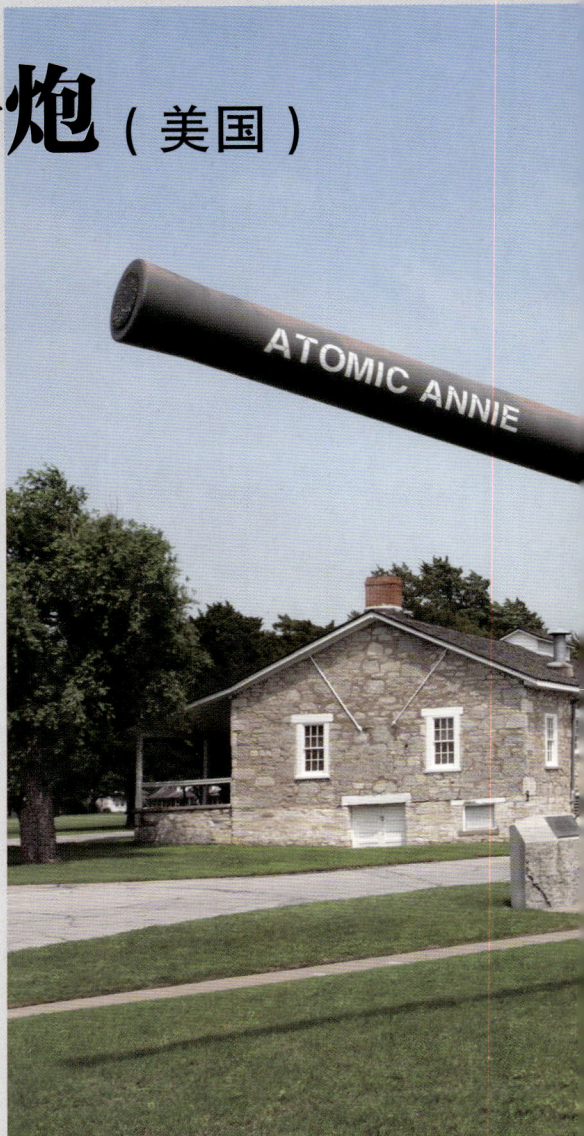

■ 性能特点

M65 型原子炮口径为 280 毫米，射程 30 千米，以水压装弹，其爆炸威力相当于美国投到广岛核炸弹的 1/4。由于身管长、后坐力巨大，因此必须预设阵地。拖车采用前后各一式的双牵引车型，不需要转向即可前进后退。M65 的缺点是系统庞大，转换时间很长；因为笨重不便于机动和隐藏，易遭远程火力袭击。

▲ M65 型原子炮实战中

相关链接 >>

1963 年，美军把几门 M65 型原子炮拉回国内封存起来，但这不表示美军放弃原子炮。真正原因是美军研发出了爆炸当量可以控制、辐射强度却得到加强的 W79 中子弹。同时，美军的核炮弹小型化也取得了突破，变得像常规炮弹那么大了，其现役的自行或牵引式 155 毫米榴弹炮都能发射。

M-388 核火箭筒（美国）

简要介绍

M-388 核火箭筒是美国研发的实战部署的小型核武器。

M-388 核弹火箭筒操作简单，且方便携带，甚至可以装在吉普车上发射，只需要三名组员就可以操作完成，其拥有约等于 10 ~ 20 吨 TNT 当量的杀伤力，这在当时是装甲坦克的致命杀手。

1962 年 7 月 7 日，这枚最小的核炸弹在内华达测试场进行试爆，其爆炸威力能杀死 1.5 千米以内的所有生命，并毁掉距离爆炸中心 600 米以内的建筑群，对 250 米以内的钢筋混凝土高层建筑也具有一定摧毁力。

美国在 M-388 的研究工作中投入了大量的人力物力，总花费大约 5.4 亿美元。

M-388 的研发是基于当时的历史背景之下的，当时反坦克战法还比较单调，空军各方面技术也不成熟，只能在陆军武器上动脑筋了，于是 M-388 这种战术核武器应运而生。

基本参数

基本参数	
发射器	M28：1.2 米 M29：1.55 米
重量	M28：49.2 千克 M29：143 千克
有效射程	M28：2010 千米 M29：4000 米
弹头	W54 弹头，重约 23 千克
爆炸当量	20 吨 TNT 当量

性能特点

M-388 核火箭筒携带的 W54 核弹头，可选择 10 吨或者 20 吨 TNT 当量的设定，可以有两种发射器供选择，1.2 米的 M28 射程大约是 2000 米，1.55 米的 M29 射程可达 4000 米。虽然 M-388 研发成果受到争议，但它的问世确实有着非同一般的历史意义，能给研发单兵神器提供比较确切的数据。以后可以改进 M-388 的射程和精度的问题，使之真正成为一款大杀器。

M-388 核火箭筒，使用的是 W54 核弹头，跟一般的西瓜差不多大小，因此美军也会把它比喻是"原子西瓜"。M-388 核火箭筒从研发到 1971 年退役，美国一共制造了 2100 枚，却从未在真正的战场上使用过。

▲ 检查 M-388 核火箭筒

M61 型 "火神" 机炮 (美国)

简要介绍

M61 型 "火神" 是美军在 20 世纪 50 年代开发的一型 6 管机炮，经常被装载在战斗机、直升机上。第二次世界大战时美军的战斗机或轰炸机都是配备老旧的勃朗宁 M2 重管机炮，在射速上甚至还比不上早在 19 世纪 80 年代就已开发出来的加特林机炮。为了解决这一问题，美国陆军军品研究与发展服务处在 1946 年时决定重新启用被封存了一段时间的加特林武器理论，开发一种高速火炮系统。

1946 年 6 月，主力军品商通用电气承包了这项开发计划，并且将其命名为 "火神" 计划。在 1950 年时，其呈报了 10 具 T45 A 型原型机炮给军方评估，1952 年时又追加了 33 具 T45 C 型原型机炮。

经过长时间的测试后，军方决定选择 T171 型 20 毫米机炮，并且在 1956 年时正式被美国陆军制定为标准系统，而同款武器的空军用版本，则赋予 M61 "火神" 的代号，美国海军航空队使用包括 M61A1 与 M61A2 在内两种规格稍有不同的版本。

基本参数	
重量	M61A1 (含填弹系统)：112 千克 M61A2 (含填弹系统)：92 千克
长度	1.827 米
口径	20 毫米
枪管	6 根
射速	M61A1：6000 发 / 分 M61A2：6600 发 / 分
有效射程	600 米

性能特点

M61 型 "火神" 机炮的 6 根枪管在每转一圈的过程中只需轮流击发一次，因此无论是产生的温度或造成的磨蚀，都能限制在最小程度内。但因为是 6 管轮动发射，因此可以做到每秒钟高达 100 发的高速射击，使战机驾驶员在瞬间以最大火力击杀对手。在弹头上，它可以采用训练弹、穿甲弹与高爆弹等不同选择。

▲ M61 型"火神"机炮全貌

相关链接 >>

　　M61 家族的机炮在军队服役已经超过半个世纪，在航空运用上，第一架搭载 M61 系列机炮的飞机是 F-104"星辰斗士"战斗机，之后还有 F-105、F-106 后期型、F-111、F-4、B-58 等机种。现行正在使用 M61 机炮的机种包括美国空军的 F-15、F-16 与最新锐的 F-22"猛禽式"隐形战斗机，而海军航空队的使用范围则包括 F-14 与 F/A-18 两架主要的航空母舰舰载机。

GAU-8型"复仇者"机炮（美国）

■ 简要介绍

GAU-8 型"复仇者"机炮是由通用电器制造的一架 30 毫米口径的加特林机炮，主要装备在美国空军 A-10 雷霆二式攻击机上。该机炮专为反坦克而设计，是美国军队使用过的体积最大、分量最重以及威力最强的武器之一，能以极高的射速发射高威力炮弹。

GAU-8 最初是为 A-10 雷霆二式攻击机定型的 A-X（进攻实验）计划的平行项目。该机炮的性能要求于 1970 年公布，具体方案由通用电力和飞歌福特两者竞争设计。A-X 计划的两架原型机 YA-10 和诺斯洛普 YA-9 原先都准备安装该武器，但原型机研发开始时GAU-8 尚未完成，因此便采用 M61 火神式机炮暂时替代。在完成后，GAU-8 全系统（准确的名称是 A/A 49E-6 火炮系统）占 YA-10净重的 16% 左右。YA-10 攻击机和 GAU-8 复仇者机炮在 1977 年同时开始服役，其主要生产商是通用电气公司，但自 1997 年起，洛克希德·马丁公司将旗下分部卖给通用动力后，通用动力武器与技术产品公司也参与了生产与支援服务。

基本参数

基本参数	
重量	0.281吨
长度	6.06米
口径	30毫米
枪管	7根
射速	4200发／分
有效射程	1220米
最大射程	3660米

■ 性能特点

GAU-8 型"复仇者"机炮的弹药匣一次可填装 1174 发炮弹，发射燃烧穿甲弹时的膛口初速度可达 990 米／秒，几乎与重量更轻的 M61火神式机炮 20 毫米口径炮弹相同。GAU-8 在弹药设计上非常重要的创新是使用铝合金代替了传统的钢与黄铜，这使得飞机在总负载不变的情况下可多携带 30% 的弹药。弹壳上还有为延长枪管寿命设计的塑料制弹壳箍。

CMDCM R.E. BUSBY
PANAMA CITY, FL.
HOUND DOG

AVCM TODD WOODY
BURLINGTON, NC
MMCPO

143

Gen

▲ GAU-8 型"复仇者"机炮供弹系统

相关链接 >>

GAU-8 型"复仇者"机炮的发射速度最初是可控的,低速挡为 2100 发 / 分,高速挡为 4200 发 / 分,但后期型的射速被固定在 3900 发 / 分。在实战中为节省弹药及避免枪管过热,机炮通常只能限制进行 1 至 2 秒的快速射击;炮管寿命同样是重要的考量因素,因为 USAF 规定最短炮管寿命为 2 万发。

密集阵近防武器系统（美国）

简要介绍

密集阵近防武器系统是美国雷西昂公司研制的美军现役舰载防御系统中重要的组成部分之一，也是唯一一种能实现自动搜索、探测、评估、跟踪、锁定和攻击威胁目标（如反舰导弹、水面水雷、小型飞行器等）的近防系统。早在 20 世纪 60 年代中期，美国海军作战部曾提出，需要一种能够对付突破"海麻雀"点防导弹系统的"漏网"反舰导弹和飞机的舰炮武器系统。1969 年，美海军与美国通用动力公司波莫纳分公司正式签订合同，委托研究上述系统的可行性。几年后，"密集阵"初型样机研制出来，并于 1973 年装于美海军金级导弹驱逐舰。但由于当时美国国会一些人对这种武器系统能否有效摧毁来袭的反舰导弹有怀疑，致使延缓了计划进程。

直到 1977 年 8 月，经美海军作战部部长批准，密集阵系统 1979 年开始投产，第二年春正式装备美海军舰队。首批密集阵系统最先装备于"企业"号和"美国"号航母上，随后陆续装备美海军各级水面舰艇，并出口澳大利亚、巴西、加拿大、希腊、以色列、日本等国家。

基本参数

基本参数	
重量	6.2吨
口径	20毫米
枪管	6根
射速	4500发/分
有效射程	3600米

性能特点

密集阵近防武器系统采用模块式结构。一对雷达天线（搜索和跟踪），一台 Ku 波段共用发射机，M61A1-6 管 20 毫米转管炮可携带1000 发炮弹，炮座动力传动系统和电子密封框等部件均装在一个底座上，形成"三位一体"的独立系统。采用直接命中体制，利用高比动能的次口径脱壳穿甲弹，穿透导弹内部，直接引爆导弹的战斗部，有效摧毁反舰导弹。

▲ 密集阵近防武器系统的不同角度展示

M115 式 203 毫米榴弹炮（美国）

简要介绍

M115 式 203 毫米榴弹炮是美国陆军于 20 世纪 30 年代研制和使用的拖拉榴弹炮。

直到 20 世纪 50 年代，它被指定为 M1 式 203 毫米榴弹炮。美国于 1917 年参加第一次世界大战，派往法国的远征军到达法国后，接收的众多装备中有美国工厂根据订单为英国生产的 203 毫米重型榴弹炮，美军对这种火炮非常熟悉，射击精确度极高。

1918 年一战结束后，美国开始生产自用版本。根据威斯特凡尔特委员会的调查评估和推荐，美军还装备了 155 毫米版本的 M1 榴弹炮，且 155 毫米和 203 毫米火炮可以共用炮架。

尽管有威斯特凡尔特委员会的推荐，该型火炮的研发工作依旧进展缓慢，甚至几度暂停。直到二战后其被命名为 M115 式 203 毫米榴弹炮，样车于 1946 年推出。1961 年 10 月因柏林危机被运到德国。如今，M115 式已经被 M110 替代。

基本参数	
重量	14.515吨
长度	10.972米
口径	203毫米
射速	1发/分
最大射程	16800米
操作人数	14人

性能特点

M115 式 203 毫米榴弹炮采用 M25 大改后的坦克底盘作为平台，行军状态全重 14.515 吨，战斗状态全重 13.471 吨。高低射界 –2° 至 65°，方向射界 60°。该炮配用榴弹、子母弹、化学弹。炮弹初速 587 米/秒，最大射程 16800 米，最大射速 1 发/分。射击精度好，弹丸杀伤威力大，配用弹种多，可执行多种任务。

▲ M115 式 203 毫米榴弹炮开炮

相关链接 >>

　　虽然 M115 式 203 毫米榴弹炮发端自第一次世界大战，但现在仍在广泛使用，在可预见的未来也不会被完全淘汰，因此可以说是最长寿的现代重型火炮之一。它虽然和 155 毫米火炮采用同一炮架，但却不可以轻易地更换彼此炮身，更换需要大量细致烦琐的改装工作，而且可能会出很多问题。

M110 自行榴弹炮（美国）

简要介绍

M110 自行榴弹炮是美国太平洋汽车与铸造公司于 1956 年 1 月至 1961 年 3 月研制的自行火炮。美国军方根据二战及朝鲜战争的经验，认为即使是重型自行火炮也要能空运。为此，美军对研制新型重型自行榴弹炮提出了新的要求，即火炮要能空运，占领和撤出阵地要快，部件通用化程度要高。根据这些要求，美国太平洋汽车与铸造公司于 1956 年 1 月提交了一份新型重型自行榴弹炮的设计方案，并承接了设计、试制和生产任务。

1961 年 3 月，美国军方正式将它定型为 M110 自行榴弹炮。1962 年，第一批 M110 出厂。1963 年初，第一批 M110 装备美军自行榴弹炮营。改进型的 M110A1 自行榴弹炮于 1976 年 3 月定型，1977 年开始装备美军；M110A2 型于 1978 年 2 月定型，1980 年开始装备美军。M110 系列自行榴弹炮的总生产数为 1249 辆，除装备美军外，还出口到英国、德国、比利时、荷兰、西班牙、土耳其、希腊、以色列、日本、韩国、意大利、约旦、巴基斯坦等 10 多个国家和地区，至今仍在服役。

基本参数

基本参数	
重量	28.35 吨
长度	10.732 米
宽度	3.15 米
高度	3.145 米
口径	203 毫米
射速	2 发 / 分
最大射程	29.1 千米
操作人数	车载：5 人 火炮运作：13 人

性能特点

M110 自行榴弹炮的主要武器为 1 门 M2a2 式 203 毫米榴弹炮（身管长为 25.3 倍口径），安装在 M158 炮架上。火炮采用断隔螺式炮闩、M35 式连击式击发机、可变液压气动式驻退机和气压式平衡机。火炮的方向射界为 ±30°，高低射界为 -2°～65°。火炮的操纵靠液压动力，紧急时也可手动操纵。身管寿命为 7500 发，比起坦克炮提高了 10 倍。

　　M110 自行榴弹炮，拥有较小的底盘和身管长度，并没有给人威武的印象，反而有小车扛大炮的直觉感受。其优点是结构简单，便于减轻全车重量，但是，其重大的缺点是战斗部分没有装甲防护及三防装置，也不具备两栖作战能力；而且攻击射程较近，根本无法同 155 毫米自行火炮相比较，甚至不如同期其他款型的大口径火炮。

▲ M110 自行榴弹炮整装待发

M270 多管火箭炮（美国）

■ 简要介绍

　　M270 多管火箭炮是多国联合研发的，是基于旧有的综合支援火箭系统而设计的。

　　第二次世界大战以后很长时间内，由于美国过分看重火箭炮的一些缺点而忽视了这种武器的优点，因此一直没有发展多管火箭炮。直到 20 世纪 70 年代，苏联的地面支援武器系统发展进入新阶段，美国为加强军、师两级炮兵火力，填补身管炮和战术导弹之间的火力空白，于 1976 年开始研制和发展自己的多管火箭炮，后来英、法、德、意等国家也陆续加入。1979 年底，M270 多管火箭炮正式命名并进行首次试验射击。1980 年 4 月，美国陆军与沃特公司签订了研制合同，正式转入生产与装备阶段。1983 年，M270 多管火箭炮开始装备美军，同年 5 月，根据和美国达成的协议，法国、德国、英国和意大利共同生产该型火箭炮，成为北约的制式武器，被称为 MLRS。除了上述国家，该火箭炮已经装备于日本、韩国、泰国、新西兰、澳大利亚、荷兰、希腊、沙特阿拉伯、土耳其和以色列等国的部队。2006 年，M270 多管火箭炮升级，能够发射导弹。

基本参数	
重量	25吨
长度	6.85米
宽度	2.97米
高度	2.59米
口径	227毫米（火箭） 610毫米（导弹）
射速	18发/分（火箭） 12发/分（导弹）
最大速度	64.3千米/时
作战范围	640千米
操作人数	3人

■ 性能特点

　　M270 多管火箭炮的发射车采用 M993 高机动、轻型装甲履带车，其越野能力和机动性可以与 M1 坦克相媲美。可发射 M26 双用途子母火箭弹、At-2 反坦克火箭弹、M26A1 增程火箭弹、制导火箭弹和灵巧战术火箭弹。炮载火控系统和发射机械系统采用了快速中央处理器、激光陀螺、全球定位系统接收器和激光多普勒雷达测风仪（可提高精度 30% ~ 40%）。

相关链接 >>

　　M270 多管火箭炮原有的标准火箭和 ATACMS 导弹，可以交替使用其导弹容器，而每个容器可容纳 6 枚标准火箭或 1 枚已导航的 ATACMS 导弹，M270 多管火箭炮亦能够同时控制两个导弹容器。M270 多管火箭炮能够于 1 分钟内发射 12 枚 227 毫米火箭弹或 2 枚 ATACMS 导弹，而这 12 枚火箭能够完全覆盖 1 平方千米的范围，效果相当于集束炸弹。

▲ M270 多管火箭炮发射

M142 "海马斯" 多管火箭炮（美国）

■ 简要介绍

M142 "海马斯" 多管火箭炮是美国洛克希德·马丁公司于 20 世纪 90 年代研制的一种 6 管联动火箭炮系统。20 世纪 90 年代初，随着苏联解体冷战结束，美国军事环境发生了深刻变化，大规模集团作战可能性下降，而反恐战、城市战可能性增加，敌人和战场的不确定性使重型化的美国陆军必须被重新塑造成一支机动、灵活、可部署性强的队伍。而 M270 多管火箭炮等装备过于沉重，无法用战术运输机和重型直升机空运，于是美军开始探讨如何将 M270 的功能分解在两辆 5 吨重的轮式底盘上，以此获得将 "精确机动" 与 "精确火力" 深度结合起来的军事装备。

其实，早在 20 世纪 80 年代，洛克希德·马丁公司导弹与火控分公司就开始自行投资研制轮式 "海玛斯" 高机动性火箭炮系统。1993 年 5 月，美国陆军向国会提交的武器需求报告中提出了 "海玛斯" 需求计划。同年底，"海玛斯" 首次在美国公开亮相。2002 年，M142 "海玛斯" 多管火箭炮结束了工程研制，2005 年 6 月，开始批量制造并装备美国陆军和海军陆战队。

基本参数	
重量	16.25吨
长度	7米
宽度	2.4米
高度	3.2米
口径	227毫米（火箭） 610毫米（导弹）
有效射程	300千米
最大速度	85千米/时
作战范围	480千米
操作人数	3人

■ 结构性能

M142 "海马斯" 多管火箭炮主要由火箭的发射器、车辆底盘、火控以及自动装填系统组成，机动性很强。它采用 6 根联动火箭发射器，可以装配陆军战术导弹或其他多种类型的弹药，普通火箭弹射程 42 千米，发射陆军战术导弹 ATACM 射程可以达到惊人的 300 千米，其弹体上装有 GPS 制导系统，不仅有飞行速度，也大大提高了打击精度。

"海马斯"多管火箭炮的特点就是反应快，该炮每个弹仓单元都是模块化设计，具有高度集成的特点，装填不需要一联一联分装，而是 6 联发射器整个模块一次性安装，再加上发射车上加装有起重吊车，所以一次装（换）弹只需要 1 名乘员 5 分钟即可完成。而且由于采用轮式底盘，能在发射后快速撤离阵地。

▲ 行驶中的 M142 "海马斯" 多管火箭炮

TM-3-12 型铁道炮（苏联）

简要介绍

TM-3-12 型铁道炮也称 1907 型"奥布霍夫斯基"305 毫米 52 口径火炮，是苏联从 1938 年开始服役的 3 门铁路炮。它们作为主炮原装载于一艘战列舰，这艘战列舰于 1916 年在塞瓦斯托波尔因为弹药库爆炸沉没，它的主炮被捞上来后重新利用，命名为 TM-3-12 型铁道炮，全世界仅有 3 门。

这些炮曾经参加过苏芬战争，用于保卫苏联的海军基地。苏联战败时毁坏火炮的一些结构后撤退，这些被损坏的火炮便落入了芬兰人的手中。芬兰人对这 3 门铁道炮进行了修复，并一直将其保留到战争结束。

二战结束后，芬兰人将这些铁道炮还给了苏联。苏联接收火炮之后，继续让它们服役，到 1991 年，这些火炮仍然可以作战。苏联解体后，这些火炮由俄罗斯继承，并一直服役到 1999 年。这 3 门 TM-3-12 型铁道炮奇迹般地保留至今，安静地陈列在博物馆里。

基本参数	
重量	340吨
炮管长度	14.4 米
口径	305毫米
射速	1~2发 / 分
最大射程	31千米

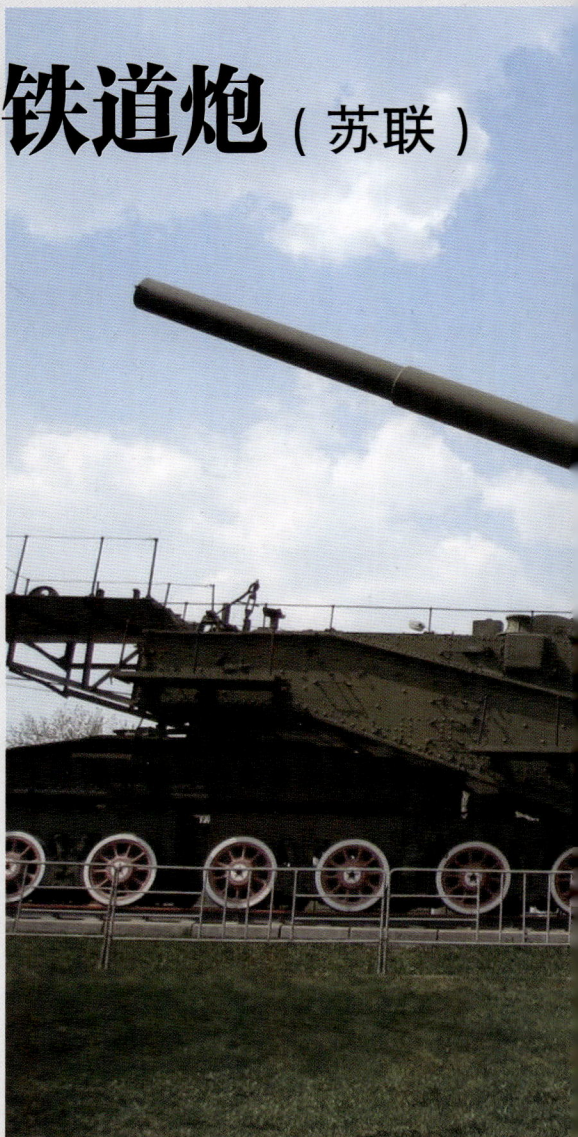

性能特点

由于 TM-3-12 型铁道炮是 305 毫米的巨型火炮，因此承载它也需要十分庞大的平板车。其射程为 31 千米。炮弹重量有 200 多千克，采用分装方式，显然靠人工是无法搬动这么大的炮弹的。TM-3-12 型铁道炮既可以用来打击舰艇，也可以用于轰击地面目标。

▲ TM-3-12 型铁道炮的不同角度展示

相关链接 >>

　　所谓"铁道炮"，是指由铁道机车运输、轨道上发射的火炮，亦称"铁路炮"或"列车炮"。在铁道炮诞生之前，国内战争期间的美国人曾将普通的野战火炮装在铁道平板车上，但并非真正的铁道炮。铁道炮始于 19 世纪末，法国人最先提出了铁道炮的设想。一战期间的"巴黎大炮"以及二战中的"多拉"巨炮，都是著名的铁道炮。

2A3 型原子炮（苏联）

简要介绍

2A3 型原子炮是苏联于 1956 年公布的第一套火箭和炮射式核火炮系统。20 世纪 50 年代，美苏进入冷战时期，两大巨头为了争夺军事优势，都绞尽脑汁地开发各种威力强大的终极武器。1953 年，美国人造出了 85 吨重、280 毫米口径的核大炮"原子安妮 M65"，打了一轮名叫"小费勒"的核弹试验。

这次试验对苏联高层触动极大，马上动员庞大的军工体系开发原子炮，正式工程编号是 271，由格拉宾设计局在 1955 年完成了火炮系统设计，1956 年 12 月，第一门大炮制成，编号为 2A3 原子炮。该炮只制造了 4 辆，1957 年在红场首次向公众展示。该火炮虽然有 65 吨自重，可开火后产生的强大后坐力还是会将该火炮后移好几米，并且填装速度过慢。由于以上原因，2A3 型核弹大炮自诞生之后，一直被作为阅兵献礼的展示品，几乎没有进行任何的实战部署。后来导弹成了各核大国主要的核武器投放工具，1960 年赫鲁晓夫停止了整个项目，于是这台苏联的第一门也是最后一门核弹大炮，成了博物馆展品。

基本参数

基本参数	
重量	65吨
长度	20米
口径	406毫米
射速	每5分钟1发
最大射程	25千米

性能特点

2A3 型原子炮的主炮是为流产的原"苏联"号战列舰准备的 SM-54 406.4 毫米加农炮，采用加长的斯大林坦克底盘。大炮只能发射专用的战术核弹或者高爆榴弹，由于炮弹太重，车身内部不载弹，所以专门在后面跟个炮弹车装弹。这门核大炮的反冲机制不够理想，每次射击后总要往后移动数米，因此会造成其他零件破裂等问题。

　　由于预计到 2A3 型原子炮的炮弹发射时的夸张后坐力，军工厂的技师们通过各种手段加强了坦克底盘，他们还在炮塔和车身之间设定了一定的缓冲隔层，同时车身悬挂也得到了进一步加强。尽管如此，它的威力还是太大，一炮下来整车就要返厂大修一次，否则保不准下一炮就轰散架了。

▲ 公开展示 2A3 型原子炮

2S4 "郁金香树" 迫击炮（苏联）

■ 简要介绍

2S4 "郁金香树" 迫击炮是苏联设计制造的一种240毫米口径自行迫击炮。二战结束后，苏联先后研制了 M43 型 160 毫米和 M240 型 240 毫米口径的重型步兵迫击炮，都是传统的后装设计。由于较为笨重，这些迫击炮虽然口径大，但机动性较差，难以在现代战场上发挥作用。

为了解决重炮带来的机动性问题，苏军随后采用了将重型迫击炮安装在自行式履带车的底盘上的设计，取消炮塔式设计，像牵引式火炮一样，在竖起后固定在地面对目标发起攻击。起初，技术人员计划采用 2S1 "康乃馨" 自行榴弹炮的底盘，但很快发现该底盘不够坚固，无法承受重炮射击后引发的巨大后坐力。

自 1966 年以来，苏联 OKB-3 设计局就一直在进行相关设计工作，1967 年 7 月 4 日，苏联正式启动了新式自行炮的研制工作。2S4 "郁金香树" 迫击炮在 20 世纪 70 年代初由乌拉尔运输与机械工业生产，结构上与 2S3 和 2S5 两种 152 毫米自行火炮共用部分零组件，于 1975 年首次配属苏联陆军服役。

基本参数	
重量	30吨
长度	8.5米
高度	3.2米
宽度	3.2米
口径	240毫米
最大射程	130千克高爆破片炮弹，最大射程9.65千米；228千克火箭助推高爆破片炮弹，最大射程可达20千米

■ 性能特点

2S4 "郁金香树" 迫击炮底盘选用 GMZ 装甲布雷车，车体由钢板焊接而成，并强化抗弹能力，以防御小口径武器和炮弹破片。采用弹仓方式给弹，由后膛装填，弹仓为鼓形，每个可装 20 枚各式炮弹，以电动或机械式击发。主要使用两种弹药，一种是高爆破片炮弹，另一种是火箭助推高爆破片炮弹，另外也可发射战术核炮弹和化学炮弹，以及其他特殊炮弹。

▲ 2S4"郁金香树"迫击炮作战中

相关链接 >>

2017 年，2S4"郁金香树"迫击炮曾经历过一次整体升级，俄罗斯军队为其更换了全新的炮管、液压缓冲机构、通信和火控系统，并列装了新型的激光制导迫击炮弹，经过如此升级，该迫击炮执行战斗任务时，能够更加精确地打击目标。

B-4型M1931榴弹炮（苏联）

简要介绍

B-4型M1931榴弹炮是由苏联棱德岩尔、马格达斯夫和加夫里利夫等人设计的203毫米重型榴弹炮。1926年5月17日，苏联国防人民委员会和炮兵总局召开扩大会议，决定为苏联红军研制口径为203毫米的攻坚火炮。

来自彼尔姆兵工厂的伦杰尔工程师负责整个项目进度，并负责研制火炮身管及炮瞄器材，炮架则由布尔什维克工厂提供，整个计划应于1927年5月全部完成。

项目开始后，彼尔姆兵工厂和布尔什维克工厂拿出了4种火炮方案，最终马格达斯夫和加夫里利夫联合提交的"15172工程"方案获得批准。火炮设计图纸于1928年1月末全部完成，可是后面的制造工作却进展缓慢，炮兵总局局长库利克也不看好这种火炮，并数次下令停止203毫米口径火炮的生产。

尽管面临着各种困难，203毫米大炮仍于1930年11月组装完毕，并迅速投入试验中。试验工作进行了1年时间，其间设计局对火炮进行了多达146处修改，最终定型为苏联B-4型M1931式203毫米榴弹炮，于1931年6月开始装备，并开始在布尔什维克工厂投产。

基本参数

重量	战斗重量：17.7吨 行军重量：19吨
长度	行军长度：11.15米
高度	行军高度：2.5米
宽度	行军宽度：2.7米
操作人数	15人
口径	203毫米
射速	1发/分
最大射程	18千米

性能特点

B-4型M1931榴弹炮采用特殊的双重驻复进系统，是苏联最早配备该系统的火炮，射击时非常稳定。该榴弹炮可以发射包括混凝土穿透弹和特殊的尾翼稳定炮弹等一系列弹药，后者的弹头以铬钒合金制造，材质密度非常高，能加大弹头的贯穿力。炮弹弹体装有厚重的弹壳，能承受贯穿时所受的冲击力，弹体后端装有4片钢制弹翼，最大可贯穿4米厚的强化混凝土工事。

▲ B-4 型 M1931 式榴弹炮侧面

相关链接 >>

1943 年苏联红军转入战略反攻之后，作为进攻利器的 B-4 型 M1931 榴弹炮全面发挥自己的火力优势，依靠良好的弹道性能和较高的射击精度，摧毁了无数坚固的钢筋混凝土工事。二战结束后，苏联仍将 B-4 型 M1931 榴弹炮的生产线维持了 4 年之久，总共生产了 1211 门 B-4 系列榴弹炮。直到今天，它仍是圣彼得堡中央炮兵博物馆里的"伟大杰作"。

GSh-6-23 加特林机炮（苏联）

■ 简要介绍

GSh-6-23 加特林机炮是苏联努德尔曼－卡拉什尼科夫机械制造设计局于 20 世纪 60 至 70 年代参考美国的"火神"M61Al 机炮研制的 23 毫米 6 管航空机炮。加特林式武器的主要优势就是射速极快，可以在短时间内提供非常强大的火力，一般用于轰炸机或者战斗机，也是航母军舰以及各种军舰的自卫武器装备。

在冷战期间，美国发现加特林机炮有射速高的优势，因此为军机开发了著名的 M61"火神"机炮。苏联作为一个非常看重火力的国家，自然也知道加特林武器的优势，因此苏联便在 20 世纪 60 至 70 年代，参考美国的 M61"火神"机炮研制的自己的加特林武器，而且口径也变成了苏联特色的 23 毫米，这就是应用比较少的 GSh-6-23 加特林机炮。该炮于 20 世纪 70 年代中期开始装备使用，应用于苏联及俄罗斯的新型战斗机如米格－31"捕狐犬"高空截击机、苏－24"击剑手"战斗轰炸机等，适用于空空、空地攻击。

基本参数	
重量	0.073 ~ 0.076 吨
长度	1.4 米
高度	0.18 米
口径	23 毫米
枪管	6 管
射速	10000 发 / 分
有效射程	2000 米
最大射程	2200 米

■ 性能特点

GSh-6-23 加特林机炮有 6 个身管，每个身管口径为 23 毫米。该炮的结构和工作原理与美国的 M61A1"火神"机炮相同，只是口径由 20 毫米增至 23 毫米，重量增大，射速、初速基本接近，备弹 260 发，炮弹初速为 715 米 / 秒，射速比较高，能够达到每分钟 9000 到 10000 发。动力单元还包括转向发动机和涡轮发电机，米格－31 通过发动机将电源输送给 GSh-6-23 加特林机炮。

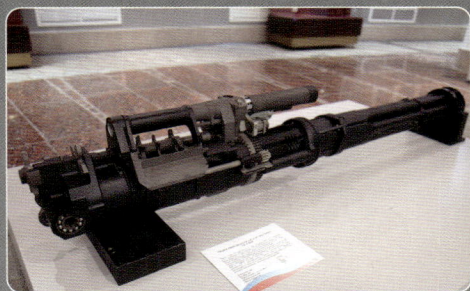

▲ 展出的 GSh-6-23 加特林机炮

相关链接 >>

GSh-6-23 加特林机炮和美国 M61A1 "火神" 机炮不一样的地方是它没有使用外能源驱动，而是一种内能源武器，依靠自己的火药能量驱动整个武器运转。GSh-6-23 加特林机炮还创造了世界纪录，重量仅有美国同类火炮的50%，但是射速却是美国火炮的两倍。GSh-6-23 加特林机炮运转的时候不需要外部能源驱动，不会给使用它的战斗机或者其他飞机带来极大的电力负担。

AK-630 近迫武器系统（苏联）

简要介绍

AK-630 近迫武器系统是苏联 20 世纪 60 年代开始研制的第一款近防武器系统。苏联的武器一直以来都崇尚"简单、威力大"的原则，在舰载武器方面尤其是这样。

20 世纪 60 年代，苏联就准备研发一种火力凶猛的近程防御武器系统，用于打击水面舰艇、空防以及两栖登陆支援和扫雷等多元目标，在经过多方探究之后推出了 AK-630 近迫武器系统，于 1964 年正式投入生产。

这款武器系统几乎在所有苏联和俄罗斯海军舰艇上均有使用，从快速攻击船到基洛夫级战列巡洋舰均有配备，在基洛夫级上和一些大型军舰上甚至都配备了 8 座 AK-630 近程防御武器系统，堪称是近程防御的大杀器。

自诞生之后，AK-630 近迫武器系统已经发展出了 3 个版本，分别是 AK-630M、AK-630M1-2、AK-306，预计在未来的国际上，还可以再使用很多年。

基本参数	
重量	AK-630/630M：1.85吨（空）；1.92吨（包括弹药）；9.11吨（包括弹药与控制系统）
长度	1.629米
口径	30毫米
枪管	6管
射速	5000发/分
有效射程	4千米
最大射程	8.1千米

性能特点

AK-630 近迫武器系统分成三个部分，第一部分是火力输出的 AK-630 炮架，第二部分是控制火炮和追踪目标的 MR-123-02 火控雷达系统，第三部分是负责侦测目标的 SP-521 电光跟踪器。AK-630 炮架为一门 AO-18 六管 30 毫米口径机炮和炮座组成，射速可控、结构紧凑。采用内能源驱动，能减少对外部能源的依赖，对于战舰的电力系统消耗会比较少。

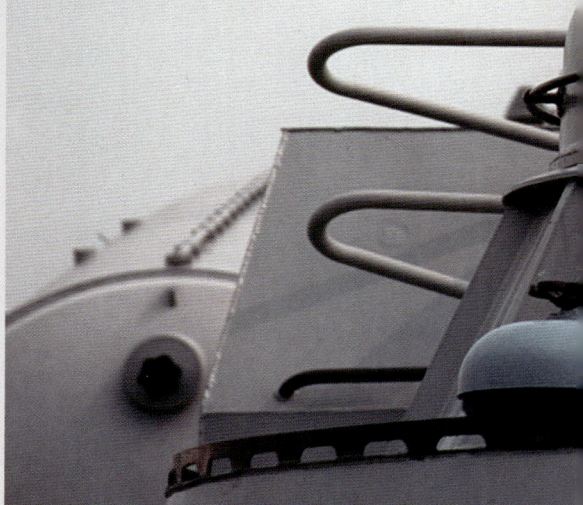

▲ AK-630 近迫武器系统发射中

相关链接 >>

AK-630 近迫武器系统也是有缺点的，例如外场维护不便、射速有限、精度也差强人意等，而进一步提升射速和精度都比较困难，所以其他的国家一般都是采用外能源的方式。而作为一款转管机炮，在如此快的射速下，枪管很容易过热，因此 AK-630 在套管和枪管之间还要填充循环流动的淡水或防冻剂进行枪管的冷却。

TOS-1A 火箭炮 (苏联 / 俄罗斯)

■ 简要介绍

TOS-1A 火箭炮是苏联在 20 世纪 70 年代末期研制的一种重型远程多管火箭炮，以其强大的破坏力和独特的作战方式而闻名。

TOS-1A 火箭炮的主要特点在于其发射的火箭弹类型，包括燃烧弹和温压弹。这些火箭弹在接近目标时爆炸，将高能燃料喷洒到目标附近，形成一片火海，对有生目标、车辆、建筑物等均有极强的杀伤破坏作用。特别是温压弹，其爆炸威力仅次于核弹，能在两次爆炸中消耗大量氧气，使敌人因窒息而失去战斗力。

TOS-1A 火箭炮还配备了先进的火控系统，包括瞄准具、测距仪、弹道计算机和稳定器等，大大提高了射击精度，能够在短时间内覆盖大面积目标，造成毁灭性打击。

TOS-1A 火箭炮在军事行动中展现了其强大的作战能力，它不仅能够摧毁敌人的阵地和防御工事，还能有效削弱敌人的战斗力，因此，TOS-1A 火箭炮被誉为战场上的"喷火坦克"，是现代战争中不可或缺的武器之一。

基本参数	
重量	45.3吨
长度	9.5米
高度	2.22米
宽度	3.6米
口径	220毫米
管数	24管
射速	2发／秒
有效射程	6000米
操作人数	3人

■ 性能特点

TOS-1A 火箭炮采用 T-72 主战坦克底盘，TZM 装填车装配有一部起重机，用于对发射车的再装填。发射车安装有一套由弹道计算机、瞄准具以及 1D14 激光测距仪组成的火控系统。其他标准配置还包括车长 TKN-3A 视具、GPK-59 导航系统、R-163-50U 电台以及 902G 四发烟幕弹发射器。3 名车组成员装备一把 AKS-74、三把 RPG-26 以及 10 枚 F-1 手雷。

相关链接 >>

TOS-1A 火箭炮拥有 45.3 吨的体重和 60 千米 / 时的最高时速。其发射出去的燃烧弹或温压弹瞬间能够导致内部的燃料发生爆炸，让其所到之处陷入燃烧的火海之中，尤其是其中含有的铝镁成分，显著增加了整体的爆炸效果。值得注意的是，爆炸地点的氧气会被充分燃烧，因此具有极为强大的打击力。

▲ TOS-1A 火箭炮停在基地

BM-30 "龙卷风" 火箭炮（苏联）

简要介绍

BM-30 "龙卷风" 火箭炮，是苏联时期研制的一款远程、高精度、大威力的火箭炮。该系统于 20 世纪 80 年代由苏联合金精密仪表设计局研发，并于 1987 年正式装备部队，是该国乃至世界上射程最远、威力最大、性能最先进的火箭炮系统之一。

龙卷风火箭炮的射程远，能够覆盖广阔的区域，并且精度高，该系统采用了多种无控和制导火箭弹，配备有先进的火控系统和瞄准装置。该火箭炮威力大，能够发射多种类型的火箭弹，包括搭载高爆弹头、云爆式弹头以及子母弹的火箭弹，对敌方有生力量、轻装甲和非装甲目标构成严重威胁。

该火箭炮系统能够快速部署，系统包括火箭发射车、供弹车、指挥车等多个部分，所有车辆均采用越野卡车底盘，具备较高的公路机动速度和较强的战场生存能力。

如今，作为俄罗斯的"国宝级"武器，龙卷风火箭炮在多次军事演习和实战中均表现出色，成为俄罗斯军队的重要火力支援手段。

基本参数	
重量	43.7吨
长度	2.4米；底盘长度12.4米
高度	3.05米
宽度	3.05米
口径	300毫米
管数	12管
齐射时间	38秒
单发发射间隔	3秒
最大射程	90千米
操作人数	3人
最大速度	60千米/时
作战范围	850千米

性能特点

BM-30 "龙卷风" 火箭炮共有 12 个发射管，分上、中、下 3 层配置，一门火箭炮一次齐射可抛出 864 枚子弹药，杀伤面积极大。还可以使用燃烧子母弹战斗部、反坦克子母雷战斗部、燃料空气炸药战斗部，可执行多种任务。采用简易控制自动修正系统，可通过调整飞行姿态、自动修正弹道来提高射击精度。

相关链接 >>

　　为了能够及时支援战场，最大程度发挥出火箭炮的威力，BM-30"龙卷风"火箭炮的指挥车装备了 2 台高频电台，通信范围达到了 350 千米，在车辆移动的情况下依然能够与 50 千米外的友军保持联络。在发射时，弹药车和发射车相互对接，3 名装填手可在 20 分钟内完成 12 枚火箭弹的装填，不需一分钟就能打出所有火箭弹。

▲ BM-30"龙卷风"火箭炮发射场面

9K515 "龙卷风-S"火箭炮 （俄罗斯

■ 简要介绍

9K515 "龙卷风-S"火箭炮是俄罗斯为替换老式 BM-30 "龙卷风"火箭炮而研制的。2015年"龙卷风-S"火箭炮的国家试验完成。相比于老式 BM-30，新的 9K515 的 9A54 发射车和 9K58 的 9A52-2 发射车一样，都是使用 MAZ-543M 重型卡车做底盘。虽然发射车外形差不多，但是内部已经有了很大变化，主要是在信息化方面进行了提升，比如增加了捷联惯导和卫星导航测地系统、新的火控和制导定系统、新的高速数据电台和电子地图显示设备。具备了自动测地和定位定向能力，能够快速完成阵地展开，并能实现人员不下车的全流程快打快撤。

2019年初，俄罗斯宣布其研制的最新型"龙卷风-S" 300 毫米火箭炮将入役俄罗斯军队。之后为了取代早已老旧落后的苏联时期研制的 BM21 "冰雹" 122 毫米多管火箭炮，俄罗斯又推出了 9K51M "龙卷风-G"多管火箭炮，其任务定位和"冰雹"相差不大，主要用于摧毁装甲车、人员，甚至野战工事。

基本参数	
长度	12.37米
高度	3.1米
宽度	3.1米
口径	300毫米
管数	12管
最大射程	120千米
操作人数	3人
最大速度	60千米/时
作战范围	850千米

■ 性能特点

9K515 "龙卷风-S"火箭炮最大的亮点就是模块化的武器搭载，既可以搭载老式"龙卷风"（BM-30）300 毫米火箭弹，也可以搭载 BM27 型火箭弹。它采用了俄罗斯卫星 GLONASS 导航，高度自动化的导航系统和新的 9M542 火箭弹。同早期的型号相比，9K515 能为每枚火箭弹提供单独的数据，有效射程也达到了 120 千米。该火箭炮具有 12 个发射管，打击面积超过 60 公顷。

相关链接 >>

和俄罗斯宣布的"先锋"导弹、"匕首"导弹以及"核动力"鱼雷相比，9K515"龙卷风-S"火箭炮让人感觉不是什么"惊人"的先进武器。其实这款火箭炮亦有令人"惊艳"之处，一次齐射可以杀伤多个目标，在发射后，每发火箭弹将击中自己的目标，同时具有弹道修正能力。

▲ 9K515"龙卷风-S"火箭炮不同角度展示

"谷山"大炮（朝鲜）

■ 简要介绍

　　"谷山"大炮是朝鲜于 20 世纪 70 年代研制的 170 毫米口径自行火炮。20 世纪 70 年代，朝鲜军队采用了苏联 203 毫米 2S7（M1975）型自行加农炮，但其最大射程只有 30 千米，无法达到预期目标。

　　要想加大威慑，必须增大火炮射程，主要有两个办法：增长炮管或加大药室。但朝鲜另辟蹊径，他们参考了二战德国的 K18 加农炮技术，把 170 毫米身管强插到苏联 180 毫米 S23 式加农炮身管上。由于该远程火炮最早于 1978 年被美韩情报机关发现于朝鲜平壤东南部的城市谷山，因此被命名为"谷山"大炮。报道称，"谷山"大炮已经发展出 M-1978 和改进型 M-1989 两个型号。由于口径大、身管长，最大打击射程无人可比。

　　170 毫米炮弹想在 180 毫米炮管上发射，技术上不难，只要在 170 毫米炮弹上加粗黄铜弹带，做到口径匹配。发射时，比较软且大的黄铜弹带会变形被挤进膛线内，初速会增高，射程会增加，不过精度会下降。

基本参数	
口径	170毫米
射速	2~5发/分
有效射程	40~60千米
最大速度	40千米/时
作战范围	大于300千米

■ 性能特点

　　"谷山"大炮射程为 43 千米，整个火炮的布局中还安装了多孔式炮口制退器以辅助提高射程。此外，"谷山"大炮的底座摒弃了常规的卡车和炮车，直接将其安装在坦克底盘上，外形与苏联时期的 2S7 自行火炮相似。M-1989 则能够携带一些较为精致的防空导弹，同时在射击速度方面也有了一定提升。

▲ "谷山"大炮发射场面

相关链接 >>

朝鲜曾出售"谷山"大炮给伊朗。两伊战争结束后，"谷山"大炮也并没有完全被伊朗淘汰，或许他们还是看重其射程上的优势。不过现存伊朗的"谷山"大炮近十年时间里很少出现在公众面前，上次出现还是在2010年。有专家分析，或许"谷山"大炮已经处于半使用状态，预计部署在伊朗部队中的"谷山"大炮也不会超过10台，具体情况不得而知。

王牌炸弹 ✈

炸弹是一种填充有爆炸性物质的武器，主要利用爆炸产生的巨大冲击波、热辐射与破片对攻击目标造成破坏，超级炸弹就是威力巨大的炸弹。

苏联的 AN-602 型氢弹，绰号"炸弹沙皇"，称得上是超级炸弹。该弹是苏联在1961年研制的，威力是美国在广岛投下的核炸弹的3000余倍，爆炸当量达到5800万吨。

超级炸弹主要用于轰炸地面或地下的坚固目标以及地表的大面积目标。这些超级炸弹的重量都在数吨甚至十几吨以上，是人类除氢弹、核炸弹以外威力最大的武器。各国对这些炸弹的命名也很有意思，有的命名为炸弹之母，有的是炸弹之父。

美国最大的非核的单体超级炸弹重量高达700吨，只能埋于地下引爆，是美国国防部研制的用于小型钻地核武器的常规试爆产品，是使用700吨硝酸铵和燃油制成的炸弹。

炸弹在历次战争中均发挥着至关重要的作用。它们以其巨大的爆炸威力，对敌方阵地、装备和人员造成毁灭性打击。无论是手榴弹、炮弹还是航空炸弹，都是战场上不可或缺的武器。在第一次世界大战和第二次世界大战中，炸弹的广泛使用改变了战争的面貌，加速了战争进程。在现代战争中，炸弹的精确制导技术使其打击更加精准，减少了附带伤害。可以说，炸弹的应用不仅改变了战争方式，也深刻影响了战争的结果。

联合制导攻击炸弹（美国）

■ 简要介绍

联合制导攻击炸弹是由美国波音公司为美国海军和空军联合开发的一种空投炸弹配件，装在由飞机投放的传统炸弹上，将本来无控的传统航空炸弹转变为可控，并能在恶劣气象条件下使用的精确制导武器。当时造价高昂的激光制导炸弹只限用于攻击高价值目标，大部分目标还得由传统炸弹负责，而在高空投弹几乎没什么精准度可言，每个目标都得丢下许多颗炸弹才能确保摧毁。

1994年4月，美国空军选定洛马和麦道两家公司（1997年被波音合并）进入联合制导攻击炸弹工程制造和研制阶段竞标，要求两家公司在18个月后提出各自的设计草案和制造程序。1995年10月，波音赢得工程制造和研制合同。美国空军和海军总共订购74000颗联合制导攻击炸弹，2000年8月已经交付完毕。

基本参数	
全长	GBU－31(V)1/B：3.880米 GBU－31(V)3/B：3.770米 GBU－32(V)1/B：3.04米
发射重量	GBU－31(V)1/B：925千克 GBU－31(V)3/B：961千克 GBU－32(V)1/B：460千克
翼展	GBU－31：0.64米 GBU－32：0.5米
最大射程	24千米
制导方式	全球定位系统（GPS）/惯性导航系统（IGS）

■ 性能特点

联合制导攻击炸弹同前三代激光制导炸弹一样，该制导炸弹也是在现役航空炸弹上加装相应制导控制装置而成。该制导炸弹由于采用自主式的卫星定位和惯性导航组合制导，几乎不受气象环境的影响，因而使飞机具有全天候、防区外、多目标攻击能力，这是第四代制导炸弹区别于现役第三代激光制导炸弹的显著特点。

联合制导攻击炸弹的成功，代表了未来精确制导武器的研制方向，也预示着在未来的战争中将会普遍采用制导炸弹。其最大的优点是造价便宜，一枚450千克或900千克的传统炸弹，单价大约2万美元，而一枚配备450千克传统弹头的战斧巡航导弹却要价88万美元，是联合制导攻击炸弹的40多倍。

▲ 整齐摆放的联合制导攻击炸弹

GBU-43/B 大型空爆炸弹（美国）

简要介绍

GBU-43/B 大型空爆炸弹，也被称为"炸弹之母"，是美国制造的一种非核重型炸弹，其威力仅次于核武器，是名副其实的"巨无霸"。这款炸弹由美国空军研究实验室研制，于 2003 年服役，主要用于摧毁非常坚固的目标或在较大区域内消灭地面部队和装甲武装。

该炸弹采用 GPS 全球定位系统引导，并使用降落伞投放，从而提高了投放的准确性和灵活性。

炸弹内部装有由铝、甲基三硝基胺和 TNT 组成的 H6 高爆炸药，这种炸药拥有强大的爆炸力，爆炸时能够产生巨大的冲击波和高温高压火球，在爆炸瞬间，形成高压区和大量有毒气体，对目标区域内的有生力量造成毁灭性打击。此外，其爆炸产生的巨大噪声和蘑菇云也会对敌方造成极大的心理震慑。GBU-43/B 大型空爆炸弹以其巨大的威力和独特的作战效能，成了美国空军的重要武器之一。

基本参数

基本参数	
重量	9840千克
长度	9.17米
直径	1.029米
爆炸当量	11吨TNT当量

性能特点

GBU-43/B 大型空爆炸弹由卫星制导，可攻击隐蔽的洞穴和隧道的入口，它在打击地下碉堡过程中，能直接作用于 1.6 千米半径内的周边区域，并耗尽其中 2/3 浓度的氧气，释放的能量等同于 11 吨 TNT，爆炸后能产生巨大的冲击波直达地下建筑物的深处。由于体积过于庞大，美空军一般采用 C-130 "大力神"运输机来发射 GBU-43/B 大型空爆炸弹，这也是普通战机无法担负的。

▲ GBU-43/B 大型空爆炸弹全貌

相关链接 >>

可能是受了 GBU-43/B 大型空爆炸弹威力的影响，俄罗斯也曾尝试研发类似武器，终于在 2007 年推出了绰号为"炸弹之父"的燃料空气炸弹。对此，俄多次对外披露该炸弹威力远超 GBU-43/B 大型空爆炸弹，不过却广受外界质疑。对于美国而言，它们在 GBU-43/B 大型空爆炸弹的基础上正在积极推进反碉堡炸弹的研发，一旦服役将再次震惊世界。

GBU-57A/B 巨型钻地弹（美国）

■ 简要介绍

GBU-57A/B 巨型钻地弹由美国空军研制，被誉为"炸弹之祖"，其威力和性能在同类武器中堪称翘楚。这款炸弹体现了美军对地下目标打击能力的重视与提升。

GBU-57A/B 的研制始于 2007 年，其背景是美军在伊拉克战争等冲突中，发现现有的钻地炸弹在穿透力和破坏力上仍难以满足对深层地下目标的打击需求。为了应对日益增强的地下防御工事，美军决定开发一种超大型钻地炸弹，GBU-57A/B 便是这一项目的重要成果。

GBU-57A/B 巨型钻地弹在技术上具有多项创新。首先，它采用了高强度镍钴钢合金制成的侵彻部，能够确保炸弹在高速撞击下有效穿透深层地下目标。其次，该炸弹采用了 GPS/INS 复合制导系统，即使在恶劣气象条件下也能实现精确打击。此外，炸弹尾部还安装了 4 个栅格型尾翼，不仅可以在飞行中调整方向，还能在最终攻击阶段调整角度，确保以最有效的方式摧毁目标。该炸弹已成为美军空中打击力量的重要组成部分。

基本参数	
重量	13600千克
长度	6.2米
直径	0.8米
爆炸当量	110吨TNT当量
爆炸半径	650米

■ 性能特点

GBU-57A/B 巨型钻地弹重量约为 14 吨，这种炸弹既能够由 B-2 轰炸机搭载，也可以由 B-52 轰炸机来投放。它采用的惯性制导和卫星制导方式，攻击精度在 1.2 米之内，引信还经过特殊设计，可以在预设深度下引爆，能钻入地下 61 米并摧毁目标。其威力是当时最强大的掩体粉碎机 GBU28 的 10 倍以上，爆炸当量为俄罗斯"炸弹之父"的近 3 倍。

▲ 空中投放 GBU-57A/B 巨型钻地弹

相关链接 >>

GBU-57A/B 巨型钻地弹堪比小型核武器。一旦发生战争，这种炸弹可以作为战略打击武器，主要用于轰炸地下机库、地下核设施、地下指挥所、地下弹药库等由钢筋混凝土加固的深埋设施。由于炸弹过于沉重，GBU-57A/B 巨型钻地弹的投放方式也很特别，为了保持飞机的平衡，轰炸机一般会携带 2 枚炸弹，并且两枚炸弹必须同时投放。

BLU-82 真空炸弹（美国）

■ 简要介绍

BLU-82 真空炸弹，绰号"滚球"，是美国研制的一种极具威力的燃料汽化高爆炸弹，其独特的杀伤机制和广泛的用途使其成为现代战争中的重要武器之一。

BLU-82 炸弹外形短粗，弹体像大铁桶，弹头为圆锥形，前端装有一根钢管，钢管前端装有 M9 04 型引信。炸弹没有尾翼装置，但装有降落伞系统，以确保炸弹下降时的稳定。

BLU-82 是一种云爆弹，主要成分为硝酸铵、铝粉和聚苯乙烯。当炸弹被投掷后，弹壳内的液体混合剂在距地面一定高度首次爆炸，形成一片雾状云团。随后，在接近地表的几米处再次引爆，产生强大的冲击波和高温，同时迅速消耗周围空气中的氧气，形成真空杀伤区。

BLU-82 真空炸弹主要用于杀伤藏匿在洞穴、建筑物及茂密丛林中的敌人。此外，它还可用于为直升机开辟降落场，清除雷场等。BLU-82 炸弹的杀伤能力超过 20 枚"飞毛腿"导弹，被国外称为"小型原子弹"。其爆炸产生的巨大回声和闪光还能极大地打击敌军士气。

基本参数	
重量	6800千克
长度	3.4米
直径	1.7米

■ 性能特点

BLU-82 真空炸弹重量为 6800 千克，是轰炸机所能携带最大炸弹 GBU-28 的 3 倍多。它在接近地面引爆后，可以将方圆 500 多米内的地区全部化为焦炭，且爆炸产生的震力可以在数千米之外就被感觉到，还有犹如核武器爆炸时升起的蘑菇云。它既可采用地面雷达制导，也可用飞行瞄准设备制导。在炸弹投掷前，地面雷达控制员和空中领航员为最后的投掷引导目标。

相关链接 >>

由于 BLU-82 真空炸弹这种燃料空气弹独特的杀伤机制，传统的防护手段在其面前往往无效。因此，如何加强对燃料空气弹的野战防护成了一个亟待解决的问题。BLU-82 真空炸弹以其独特的杀伤机制和广泛的用途在现代战争中占据重要地位。

▲ BLU-82 真空炸弹侧面

CBU-97 传感器引爆炸弹（美国）

■ 简要介绍

　　CBU-97 传感器引爆弹是美国达信防务系统公司从 20 世纪 80 年代开始研制的美国空军装备使用的新一代航空子母炸弹，也称末敏弹。

　　末敏弹的概念是 20 世纪 70 年代初首先由美国提出并开始发展的。在美国国防预研项目局的支持下，美国陆军和空军分别进行了一系列预研工作并相继进入工程发展，先后研制了"萨达姆"炮射末敏弹、"斯基特"末敏子弹等并投入使用。

　　CBU-97/B 传感器引爆炸弹就是采用了"斯基特"末敏子弹的一种航空末敏子母炸弹。

　　该炸弹于 1992 年进入低速初始生产阶段，1996 年底初具作战能力，用于攻击主战坦克、机动导弹发射架、防空站、停机坪上停放的飞机和装甲人员运输车等。CBU-97/B 加装风向修正布撒器后又升级为 CBU-105。2003 年的伊拉克战争中，美国首次实战使用了 CBU-105 传感器引爆武器。

基本参数	
重量	420千克
长度	2.34米
直径	0.4米
弹体	10枚BLU-108/B子弹

■ 性能特点

　　CBU-97/B 传感器引爆炸弹内装有 10 枚 BLU-108/B 型子弹药，每个 BLU-108/B 各有 4 个"斯基特"战斗部。当从母弹中散布出去之后，漏斗形降落伞打开，子弹药在下降过程中减速，随后主降落伞使子弹药垂直降落。经预定时间后，子弹药的火箭发动机点燃，使子弹药旋转并产生向上的速度。当转速和高度达到一定数值后，4 个战斗部会抛射出去。

▲ CBU-97 传感器引爆炸弹攻击效果

相关链接 >>

"斯基特"末敏弹战斗部外侧装有激光和红外双模传感器，可用于对付各种不同的目标。激光传感器用于探测目标的轮廓，红外敏感器探测目标的热信号。当探测到有效目标后，传感器会计算出目标瞄准点并起爆"斯基特"末敏弹战斗部，爆炸形成弹丸从顶部攻击目标。此外，"斯基特"末敏弹战斗部中还有自毁装置。

白磷弹

■ 简要介绍

白磷弹是利用白磷在空气中自燃的性质和白磷本身毒性的化学武器，白磷有强还原性，极难被水扑灭，起初曾被当作燃烧弹使用，某些情况下也可代替照明弹。

二战末期就开始使用了白磷弹，但二战之后，由于白磷弹燃烧时会发出有毒的五氧化二磷浓烟，而且燃烧中的白磷溅到人身上，会一直烧蚀至见骨，造成难以愈合的深度烧伤等特点，给交战国士兵造成了巨大的身体及心理创伤，因此被认为是极不人道的武器。

1980年在瑞士日内瓦通过的《禁止或限制使用燃烧武器议定书》中曾有规定，禁止在人口密集的平民区域使用任何种类的燃烧弹药，不论是否为白磷燃烧弹。之后白磷弹逐渐被各国弃用，转而作为目标指示弹及烟幕弹使用。

基本参数	
着火点	40℃
燃烧时温度	1000℃
遇空气	生成五氧化二磷、三氧化二磷
遇水	生成白磷酸
颜色	无色或者浅黄色
形状	半透明蜡状

■ 性能特点

白磷弹的基本结构就是在弹体内充填磷药，遇空气即开始自燃，直到消耗完为止。其特点为能够在狭小或空气密度不大的空间充分燃烧，一般燃烧的温度可以达到1000℃以上，足以在有效的范围内将所有生物体消灭。当它接触到人的身体后，皮肉会被穿透，再深入到骨头；同时产生的烟雾对眼鼻刺激极大。

▲ 安装白磷弹

相关链接 >>

　　白磷弹属于化学武器，有剧毒，着火点只有40℃，燃烧时的温度可达到1000℃。白磷在空气中会自燃，当人误食后会烧伤胃肠道，使之出血。白磷燃烧时遇空气产生五氧化二磷和三氧化二磷，遇水会变白磷酸。

燃料空气炸弹（美国）

■ 简要介绍

    燃料空气炸弹又称油气弹、空气炸弹、云爆弹、温压弹等，是一种战斗部装满液体燃料的炸弹或火箭弹，当被投掷或发射到目标上空时，液体燃料会连同雷管、定时器一起洒到地面，燃料很快汽化成雾状，经过预定延迟时间由雷管引爆。

    美国是最早研制燃料空气炸弹的国家，其最初的研制目的不是作为武器使用，是为了在丛林中快速开辟直升机降落场。美军第二代燃料空气炸弹从 1972 年开始研制，重点是提高投放速度，同时提高了对硬目标的破坏效果。其代表产品是 CBU-72 炸弹，直升机投放的 MADFAE 集束弹以及 BLU-73、BLU-76、BLU-96 等炸弹。

    第三代燃料空气炸弹的研制工作始于 20 世纪 70 年代中期，多用于单兵武器中，主要技术进步点是解决了直接起爆问题，简化了燃料空气炸弹的结构，降低了成本，提高了可靠性。

基本参数（"什米尔"单兵云爆弹）

弹厚	1.5~2毫米普通钢板
弹内装料系数	70%
爆炸瞬间温度	2500~3000℃
口径	93毫米
全长	920毫米
杀伤半径	5~6米

■ 性能特点

    普通航弹的 TNT 当量只有 0.5～1 倍当量，而同质量的小型核弹可以实现 100 万吨 TNT 当量，燃料空气炸弹的威力为 2.5～5 倍 TNT 当量，按照航空炸弹装药威力分类和排列，依次为核弹、燃料空气炸弹、普通炸弹，在核弹和燃料空气炸弹之间没有其他种类航弹，所以燃料空气炸弹号称威力仅次于核弹。

▲ 燃料空气炸弹展示

相关链接 >>

　　燃料空气炸弹的破坏作用除超压场外，还有温度场和破片。除了产生爆轰波的最大爆轰超压值比普通炸药稍低，燃料空气炸弹的性能全面优于普通炸弹，其爆轰反应时间（包括爆燃反应时间）高出普通炸药几十倍，持续作用时间长，冲击波的破坏作用和面积比起普通炸药要大50%以上。

凝固汽油弹（美国）

■ 简要介绍

凝固汽油弹是指装有汽油和其他化学品制成的胶状物的炸弹，通常用飞机进行投掷。早期的流质燃剂有个重大问题，这种物质容易喷溅又难以附着，很难达到集中杀伤的目的。

二战时期，美国发现改用胶状汽油可以提升喷火器的射程与效用，但胶状汽油使用需求量大又十分昂贵，廉价许多的凝固汽油弹黏稠剂发明以后，解决了这一问题。于是，美国军队使用凝固汽油弹黏稠剂改善喷火器与炸弹的可燃液体成分。

后来又经过研究，进一步提出此黏稠剂与汽油的混合比例公式，让混合物能遵循指定的速率燃烧并附着在物体之上。1945 年 3 月 9 日，美军 B-29 轰炸机盘旋在东京的上空，将 2000 吨凝固汽油弹投下，爆炸后扬起高达 5000 米的烟雾，360 平方千米的面积被夷为平地，10 万平民惨遭烈火吞噬，100 万人家园被毁，流离失所。美军研制出凝固汽油弹后，开始将其广泛应用于战场中。

基本参数（马克-77）

爆破温度	1000℃
重量	340 千克
弹内燃料	416 升燃料胶体混合物
炸弹类型	非导航弹
弹形	无弹翼钝头弹体
投放方式	高空投放

■ 性能特点

凝固汽油弹在爆炸时能产生高温火焰，火焰向四周溅射，产生 1000℃ 左右的高温，并且能粘在其他物体上长时间地燃烧。燃烧汽油弹另外一个实用但危险的效果，是它会"急速消耗附近空气中的氧气"并产生大量的一氧化碳，从而造成生物窒息。

▲ 凝固汽油弹外观

相关链接 >>

　　凝固汽油弹在人体上留下的烧伤非常难治愈，因而被一些国际人权组织认为是"非人道"武器。1980 年 10 月 10 日，联合国在日内瓦召开会议，对该武器的使用给予限制，并召开成员国会议，通过了《禁止或限制使用燃烧武器的议定书》。

集束炸弹 （美国）

■ 简要介绍

集束炸弹是将小型炸弹集合成一般的空用炸弹的形态，每个小型炸弹被称为子炸弹，因此，集束炸弹又称子母炸弹，具体是指在与一般炸弹同样大小的弹体中，装入由数个到数百个子炸弹，子炸弹是每颗约网球般大小的球体。

二战时期，集束炸弹凭借着攻击范围广、毁伤威力强等特点备受全球多国青睐。之后，美国于越战当中大量使用过集束炸弹，并且努力提升集束炸弹的杀伤力。

MK20"石眼"集束炸弹是美国于1963年发展的集束子母弹。用于攻击暴露状态的装甲目标和作战人员。该炸弹杀伤范围大，1枚MK20装载200多枚子弹药，抛投方法不受限制。子弹药释放后，可高速冲击装甲目标顶甲。

美军的GBU-107式集束炸弹可分为两大类，其中之一装有贫铀子弹头，另一种则装有钢针。前者主要应对装甲车和坦克部队，后者则是给敌方地面陆军准备的。另一种经美军升级后携有钢针的集束炸弹，在发射后不到10分钟内，就造成了上千人死伤。

基本参数（MK20"石眼"集束炸弹）	
重量	222千克
弹长	2.33米
直径	0.335米
翼展	0.437米（折叠状态）
每枚子弹重量	0.63千克，装药0.18千克
穿透力	钢甲50~80毫米
杀伤面积	4800平方米

■ 性能特点

集束炸弹采用面积覆盖技术，把大量小型杀伤弹、破甲弹、燃烧弹等装在一起投放，可使小型炸弹得到合理运载，将子弹按着目标毁伤概率最大期望值投放到预定的面积上。投弹后根据定距引信所控制的工作时间，可在空中预定高度散开或抛出子弹，撞击目标后击发引爆，形成一定的散布面积，杀伤敌方有生力量和破坏各种技术兵器。

▲ 众多的集束炸弹

相关链接 >>

2008年5月30日，全球共107国的代表在都柏林达成《集束弹药公约》，同年12月在奥斯陆正式开放予各国签署。根据这一公约，从该文件生效之日起，各国武装力量须在8年内销毁全部集束炸弹，构成例外的是可以电子方式自动销毁或失去战斗力的种类。但美国、俄罗斯、印度、以色列和巴西等集束炸弹主要制造国并未同意签署。

"瘦子"核炸弹（美国）

简要介绍

"瘦子"核炸弹是美国军事方面第一颗研制并试爆成功的核炸弹，也是世界历史上第一颗核武器。该弹以钚–239为填料，因外形较瘦长而得名。

1939年8月的一天，美国总统罗斯福收到了爱因斯坦的信，信中说到让美国研制核弹。同年10月19日，罗斯福决定研制核炸弹。按照他的指令，一个代号"S–11"的小组迅速成立起来，开始研制核炸弹，整个研制工作受到严格保密。

美国科学家在提取铀–235的同时开始研究也能用于制造核炸弹的钚的提取方法，还于1943年2月28日在汉福莱特建立了生产钚–239的工厂。到了12月，工厂才生产出2毫克。后来在增加投入的情况下，钚的生产才加快了速度，到1945年6月，生产出的6千克钚足够装填一颗核弹了。

1945年7月16日5时30分，"瘦子"在墨西哥州阿拉默尔多空军基地的沙漠试爆成功。这次成功，使美国坚定了用核炸弹轰炸日本的信心，也为人类战争史的一个新时代——核战争时代拉开了序幕。

基本参数	
重量	3400千克
长度	5.5米
直径	0.61米
反应填充	钚

性能特点

"瘦子"核炸弹是"枪式"结构的钚弹，和同时产生的"胖子"内爆式钚弹相比，在外形上比较瘦长，因此被命名为"瘦子"。虽然"瘦子"中只有一部分钚参与了核裂变，其中只有很少一部分被真正地转化成能量，但释放的能量相当于约1.3万吨的TNT烈性炸药。它可由不同的运载工具携带而成为核导弹、核航空炸弹、核地雷或核炮弹等。

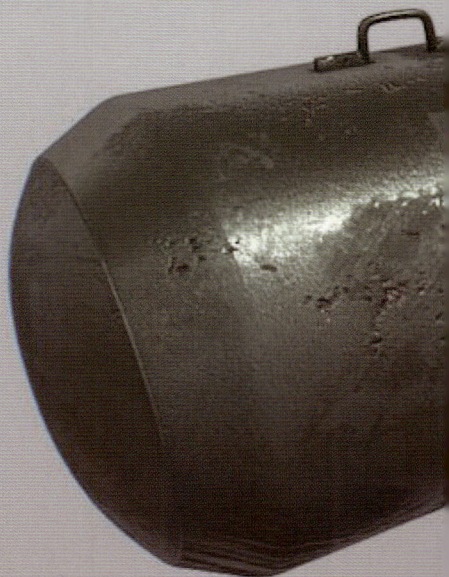

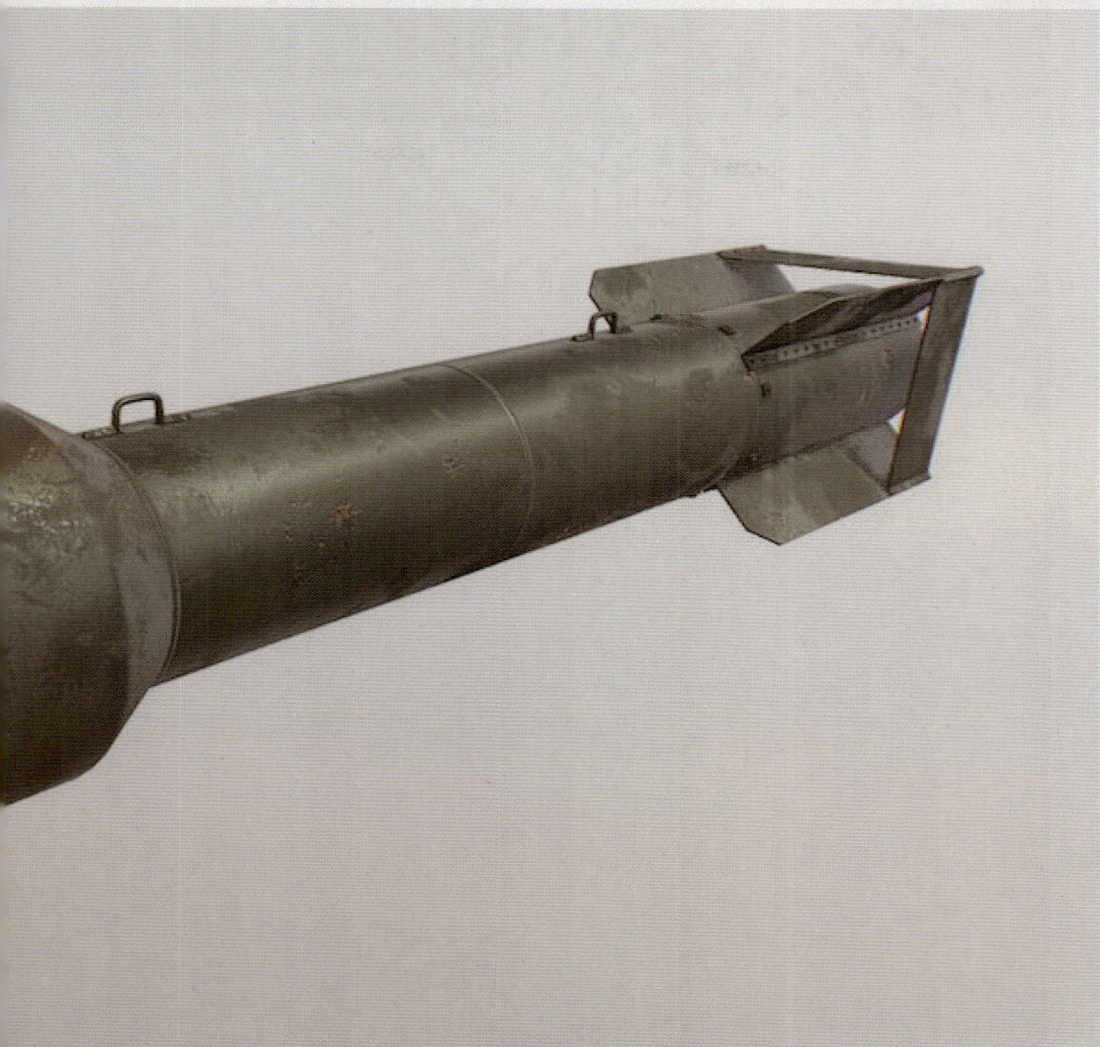

▲ 人类史上首次核试验——美国"三位一体核试验"

"小男孩"核炸弹（美国）

简要介绍

"小男孩"核炸弹是世界上首次用于实战的核炸弹。1941 年 12 月 7 日，日军偷袭了美国军事基地珍珠港，美国人群情激愤，国会和总统进一步看到了集中力量研制核武器的必要性和紧迫性。由此，美国加速了核炸弹的研究进程。

1942 年 8 月，美国政府在纽约以东的曼哈顿地区建立了一个研究机构，作为研制核弹的领导机关，将这一庞大计划代号称为"曼哈顿工程"，直接动用的人力约 60 万人，投资 20 多亿美元。当年底，科学家恩里科·费米建立了人类历史上第一座核反应堆——铀—石墨反应堆。当时美国的浓缩铀只足以制造 1 枚铀核弹，但美国已有使用受控制的铀核反应堆的经验，对这种铀-235 的核反应已有相当的认识，因此无需浪费珍贵的铀进行实弹试验。

1945 年 7 月，以铀-235 为核填料的核炸弹最终组装完成，被取名为"小男孩"。8 月6 日，由 B-29 轰炸机携带并投掷到日本广岛市，造成伤亡人数约 14 万人，占该市人口的60%。该弹生产型号为 MK1，从 1945 年 8 月至 1950 年 2 月，美国共制造了 5 颗该型核炸弹，1951 年 1 月退役。

基本参数

基本参数	
重量	4400千克
长度	3米
爆炸当量	1.3万吨 TNT当量
反应填充	铀

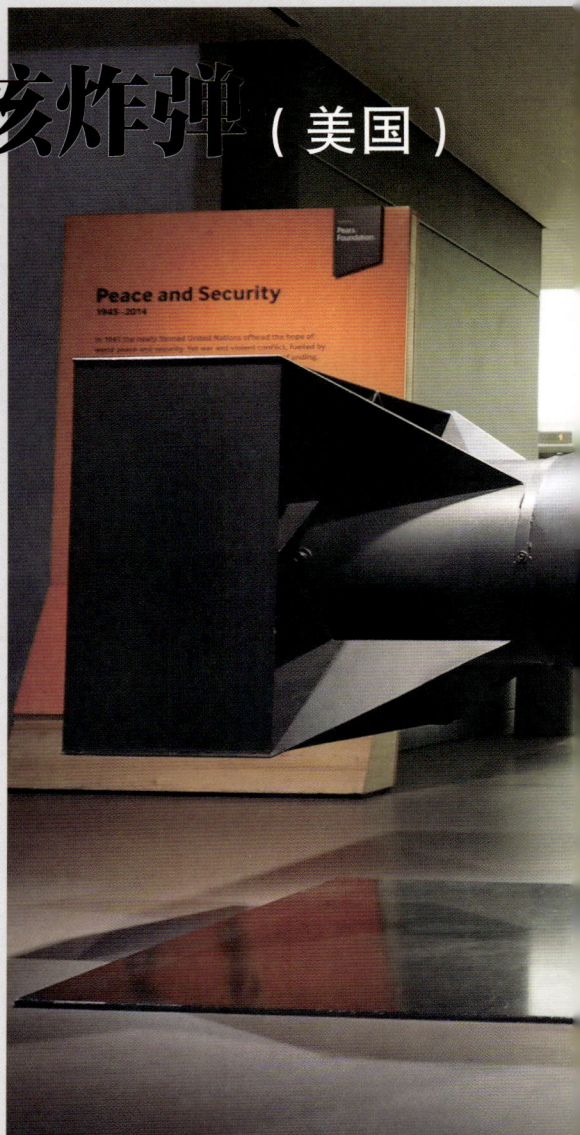

性能特点

"小男孩"核炸弹采用枪法组装结构，将一块低于临界质量的铀-235用炸药射向三个同样处于低临界的环形铀-235，造成整块超临界质量的铀，引发核子连锁反应。"小男孩"包含 64 千克的铀，可是只有不超过 1 千克的铀参与了核裂变，其中只有 0.6 克的物质真正转化成能量，释放的能量约等于 1.3 万吨的 TNT烈性炸药，即大概为 5.4×10^{13} 焦耳。

相关链接 >>

"小男孩"核炸弹有很大的杀伤半径，能够像台风一样摧毁一座城市。冲击波、光热辐射、瞬时辐射和放射性污染是造成伤亡的主要因素。空气爆炸相对干净些，爆炸产生的放射性物质，会随着上升的气流上升，进入平流层。

▲ "小男孩"核炸弹正在被升降机装入 B-29 轰炸机炸弹舱

"胖子"核炸弹（美国）

简要介绍

"胖子"是第二次世界大战时美国在日本长崎投掷的核炸弹的名称，据说其名字是由丘吉尔的体形启发而来。

1939年9月，物理学家利奥·西拉德亡命美国，为罗斯福总统递呈了核炸弹开发建议书。而早在美国科学家们进行铀原子核裂变试验时，就曾预言第93号元素与第94号元素都会存在。

1940年，美国物理学家成功发现了第93号元素"镎"。翌年2月，柏克莱加州大学格伦·西奥多·西博格成功发现了第94号元素"钚"。但是，由于钚弹的核裂变反应与铀弹的反应不尽相同，所以以钚作为核炸弹等核子武器的原料时构造也必然完全不同。

到了1945年，以钚为核填料的核炸弹采用了两种不同的引爆方式，"瘦子"采用了与铀为核填料的"小男孩"一样的枪式，而"胖子"则采用了内爆式，代号MK3。

1945年8月9日，由查理士·斯文尼驾驶的B-29超级空中堡垒轰炸机"博克斯卡"在长崎上空进行了人类历史上第二次核武器打击，也是至今为止最后一次使用核武器。

基本参数	
重量	4545千克
长度	3.25米
直径	1.52米
爆炸当量	2.1万吨TNT当量
反应填充	钚

性能特点

"胖子"核炸弹的核装药部件由天然铀反射层、钚-239弹芯和中子源起爆器等组成。采用的是内爆式钚弹，通过电雷管同步点火，使炸药各点同时起爆，从而产生强大内爆波高压力，使外围核装药同时向中心合拢，压缩弹芯使其密度大大增加至超临界。再利用一个可控的中子源起爆器触发链式裂变反应而实现自持链式反应，导致极猛烈的爆炸。

▲ B-29 轰炸机正在装载"胖子"核炸弹

相关链接 >>

　　"胖子"核炸弹的内部是由一个钚球驱动的，钚球的大小与足球相似，该球体仅重 6.4 千克。钚是一种放射性的金属元素，被认为是一种人造的元素。钚的微量元素是在自然形成的铀矿中被发现，钚球被炸药所包围，这是一种高度专业化的异形炸药。

EC17/MK-17 核炸弹（美国）

简要介绍

EC17/MK-17 核炸弹是美国洛斯·阿拉莫斯国家实验室研发的最重的一种美国热核武器，也是美空军第一颗服役的氢弹，其威力最高可达 1500 万吨 TNT 当量。MK14 作为美国首种"干式"氢弹，也是第一种采用固体热核燃料的核武器。

美军在试验后充分认识到这种核武器的巨大能力，加之苏联也找到了氘化锂这种理想的热核燃料，于是美军加紧了研发，计划使其能达到轻量型并装备于空军部队中。

1954 年 4 月，洛斯·阿拉莫斯国家实验室首先推出了所谓应急能力型的 EC17；7 月正式生产 MK-17 型核弹；10 月，MK14 开始退役，其中一些被回收用于制造 MK-17。

MK-17 从 1954 年 7 月开始生产，至 1957 年 8 月退役，总共生产了 200 枚，使用平台是改装过的 B-36 和平卫士战略轰炸机，EC17 是 MK-17 的所谓"应急能力"型。

基本参数

基本参数	
重量	21000 千克
长度	7.52 米
直径	1.52 米
爆炸当量	1000 万～1500 万吨 TNT 当量

性能特点

EC17/MK-17 核炸弹在氘锂核聚变材料中采用天然锂中含量为 7.5% 的锂-6，锂-6 的原子核里有 3 个质子和 3 个中子。当其受中子轰击后，分裂成氦核和氚核，同时可放出巨大的能量。因此，锂-6 和氘的化合物——氘化锂作为热核燃料是固体，并不需要冷却来进行压缩。体积小、重量轻的"干式"氢弹便于运载，从而成为一种实用的核武器。

▲ 仓库中的 EC17/MK-17 核炸弹

相关链接 >>

　　20 世纪 50 年代，苏联制造出骇人听闻的巨型氢弹"赫鲁晓夫炸弹"。此事对美国影响很大，军队当即提出要制造 1 亿吨当量的核弹遏制。但考虑到巨型核武器没有实际的军事意义，而且极易造成大面积的核污染，洛斯·阿拉莫斯实验室建议制造 1500 万吨级的氢弹，于是美国的超级核弹 MK-17 便诞生了。

MK-36 核炸弹（美国）

简要介绍

MK-36 核炸弹是美国洛斯·阿拉莫斯国家实验室研发的一种两阶段爆炸的核弹（又称两级热核炸弹），能使用多阶段融合以产生多达 1000 万吨的爆发威力。

1955 年时，洛斯·阿拉莫斯国家实验室研制出一种 MK-21 核弹，作为"应急能力"项目的一部分，它实际是一种核材料中含 95% 浓度锂 -6 的热核炸弹，3 种型号的 MK-21 型核战斗部都是所谓"肮脏"氢弹，该型核战斗部中的所谓"干净"氢弹型号也进行过测试，不过没有被部署过。

MK-21 型核战斗部从 1955 年 12 月至 1956 年 7 月间总共生产了 275 枚，之后实验室就在 MK-21 的基础上进一步发展，研发出一种两级热核炸弹，即 MK-36 型，共有两种型号和 Y1、Y2 两个版本，其中 MK-36 MOD 1Y1、MK-36 MOD 2Y1 是所谓肮脏核武器，而 MK-36 MOD 1Y2、MK-36 MOD 2Y2 是所谓干净核武器。MK-36 型核炸弹的生产工作从 1956 年 4 月持续至 1958 年 6 月，总共生产了 940 枚。1957 年，全部 MK-21 型核战斗部退役并被改造为 MK-36-Y1 型核战斗部。所有的 MK-36 核炸弹在 1961 年 8 月至 1962 年 1 月退役，被 B41 核炸弹所取代。

基本参数

基本参数	
重量	7900～8000 千克
长度	3.8 米
直径	0.143～0.15 米
爆炸当量	1000 万吨 TNT 当量

性能特点

MK-36 核炸弹需使用两个降落伞空投，使用的平台包括：B-36 "和平卫士"战略轰炸机、B-47B／E "同温层"喷气战略轰炸机、B-52 "同温层堡垒"战略轰炸机。两个版本分别重 7.9 吨至 8 吨，爆炸威力 MK-36 MOD 1Y1 和 MK-36 MOD 1Y2 为 900 万吨 TNT 当量；而 MK-36 MOD 2Y1 和 MK-36 MOD 2Y2 则更高达 1000 万吨 TNT 当量。

B-36
TY2-1
24819
K72081-001
S/N 026

▲ MK-36 核炸弹侧面

相关链接 >>

　　美国全部的核武器采用单一连续的序列系统，序列号通常由基础编号和前缀来表示。XW 表示战斗部在发展和测试中；W 表示发展型核战斗部；MK 表示基础核战斗部和核炸弹；B 表示核炸弹；TX 表示测试实验型核战斗部；EC 表示应急生产型核战斗部；S 表示核炮弹战斗部。

B-41/MK-41 核炸弹（美国）

■ 简要介绍

B-41/MK-41 核炸弹是美国劳伦斯·利弗莫尔国家实验室研发的一种三级热核炸弹，也是美国实际部署的最大当量的核武器，有着美国核武器项目中最高的当量和重量比之称。

1955 年时，美国空军提出了研制 B 级（4.5 吨）高产热核武器的要求。1956 年，劳伦斯·利弗莫尔国家实验室开始进行三级热核炸弹的设计研制与测试。1958 年将其称为 MK-41 型，共有 MK-41Y1 和 MK-41Y2 两种型号。其中 MK-41Y1 是一种采用铀-238 包裹第三级的"肮脏型"核炸弹，MK-41Y2 则是用铅包裹第三级的"干净型"核炸弹。MK-41 型核炸弹从 1960 年 9 月到 1962 年 6 月期间，总共生产了 500 枚，1976 年开始服役，称为 B-41 型。关于编号，1968 年前，美国核炸弹采用 MK 编号，1968 年后改用 B 编号，有许多核弹由于服役时间长而跨越了这种编号，比如 MK28/B28。使用 B-41 型核弹的平台包括：B-47B/E "同温层" 喷气战略轰炸机、B-52 "同温层堡垒" 战略轰炸机。

基本参数	
重量	4840千克
长度	3.76米
直径	1.32米
爆炸当量	2500万吨TNT当量

■ 性能特点

B-41 核炸弹虽然尺寸比 MK-17 缩减很多，只有 3.76 米长，1.32 米直径，质量也下降到了 "胖子" 的同等水平 4840 千克，但是它的威力却增加到了 2500 万吨 TNT 当量！

▲ B-41/MK-41 核炸弹侧面

相关链接 >>

"肮脏型"氢弹即"FFF"（裂变—聚变—裂变）三相效应氢弹，因在热核材料外面加了一层铀–238外壳，所以爆炸后放射性裂变产物大量产生，会有特别严重的污染危害；而"干净型"氢弹即中子弹，在核反应时能够释放出能量高、穿透力强、杀伤范围大的中子流，主要作用于人体，对建筑物及军用武器装备损害较轻，且基本没有放射性污染。

B-61 战术核炸弹（美国）

■ 简要介绍

B-61 战术核炸弹是美国洛斯阿拉莫斯国家实验室于冷战时期研发的一种供美军战机使用的战术核武器，它具有可变当量设计，其各种型号的当量为 1 万吨至 40 万吨。

B-61 战术核炸弹的研制工程在 20 世纪中期启动，经过一系列复杂的试验和改进，最终成功研制出这种高性能的战术核武器。其设计独特，采用核弹头与常规炸药相结合的方式，可根据不同任务需求调整核弹头的配置，从而实现灵活的战略与战术运用。

B-61 战术核炸弹是美国核武库的重要组成部分，B-61 核弹在欧洲的多个北约空军基地有部署，包括意大利基地，部署数量从 15 枚到 20 枚不等。此外，B-61 核弹还可由多种美国及北约的飞机投放，如 B-2 轰炸机、F-15E 战斗机等。随着 B-61-12 型核弹的服役，美国正逐步替换旧型号 B-61。

基本参数	
重量	324千克
长度	3.6米
直径	0.34米
爆炸当量	1万~40万吨TNT当量

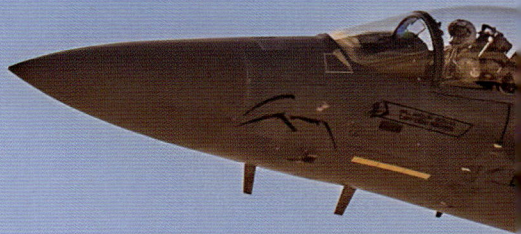

■ 性能特点

B-61 战术核炸弹具备卓越的穿透力和摧毁能力。其核弹头能够造成巨大的爆炸破坏，同时，该炸弹还具备常规炸药的爆破能力，可在战场上产生极大的震慑效果。此外，B-61 炸弹还具有高度的灵活性和适用性，可根据不同战场环境调整使用方式，以满足作战需求。

▲ 战斗机身下的 B-61 战术核炸弹

相关链接 >>

　　20 世纪 80 年代，美军发现 B-61 型的几种系列核航弹效果都不是很理想，因而要求核研究所研制一种主要用来打击苏联境内隐藏在地下深处的指挥所的核武器。为此，美国一家洲际导弹研究所根据以往的地下核试验数据和计算机模拟，经过多年的努力，B-61-12 核航弹终于研制成功了。

空投高功率真空炸弹（俄罗斯）

■ 简要介绍

空投高功率真空炸弹是俄罗斯秘密研发的真空弹，俗称"炸弹之父"。2003年，美国成功研发出GBU-43大型空气炸弹——MOAB，外号"炸弹之母"。俄罗斯自然不甘示弱，也加紧了对空气炸弹的研制。

2007年9月11日晚，俄罗斯公共电视台第一频道播出一条重大新闻："俄军日前成功试爆了当今世界上威力最大的常规炸弹。"该炸弹没有正式名称，只有一个绰号——炸弹之父。

电视画面显示，一架图-160战略轰炸机在高空投下一枚巨型炸弹，白色的降落伞拽着巨型炸弹坠向试验场，巨响之后试验场上腾起一团巨大的蘑菇云，随后看到的是试验场内一幢多层建筑被夷为平地，隐蔽在掩体内的坦克装甲车也被烧成了残骸。

俄罗斯军队副总参谋长亚历山大·鲁克申告诉俄罗斯公共电视台："试验结果表明，这种炸弹的威力和杀伤效能与核弹相当。"而不同之处在于，这种炸弹不产生辐射，因此不会对周围环境构成威胁。

基本参数	
重量	7100千克
长度	7米
直径	0.93米
爆炸当量	44吨TNT当量
爆炸半径	300米

■ 性能特点

"炸弹之父"的真空设备能产生44吨TNT的威力，爆炸半径300米，使用新式7.8吨的高爆品。炸弹会在半空中爆炸，而主要破坏是由爆炸产生的超声冲击波和极高温造成的。冲击波对武器装备和建筑物的破坏力相当惊人，会造成缺氧而使爆炸区域内生物窒息而死；而极高温会把附近一切烧成灰。

相关链接 >>

空投高功率真空炸弹用纳米科技制造，是美国"炸弹之母"威力的4倍，曾经是威力最强的传统式炸弹，后被"炸弹之祖"取代。虽然有人质疑"炸弹之父"的威力，但根据俄罗斯军方的消息，"炸弹之父"将会取代俄军数种小型核武器。

▲ 空投高功率真空炸弹

FAB-9000 航弹 （苏联）

■ 简要介绍

　　FAB 系列航弹是苏联在 1950 年左右研制的，包括 FAB-500、FAB-1500、FAB-3000、FAB-5000 和 FAB-9000，对应的重量级别分别为 500 千克、1500 千克、3000 千克、5000 千克和 9000 千克，因而 FAB-9000 就成了最强的非核炸弹。

　　吸取了二战时期的战斗经验，苏联研制该系列航弹就是用来对付军事要塞、工厂、码头、大型水面战舰等常规炸弹难以彻底摧毁的目标。不过因体重原因，能携带 FAB-9000 这款巨型炸弹的轰炸机不多，苏联军中可用的有图-95、图-16、图-22 和米亚-4 轰炸机，都是执行战略轰炸的机型。

　　苏军在 20 世纪 80 年代的实战中运用过 FAB-9000，总共投下了 289 枚，实战证明 FAB 系列炸弹在对付村庄这样的目标时简直大材小用，而 500 千克级别的又不足以破坏敌人躲藏的山洞，FAB-9000 最好的使用方法是往狭窄的山谷里多枚投放，在这种特殊地形下的目标很难幸存。

　　随着空射导弹、精确制导炸弹技术的进步，苏军就不那么重视 FAB-9000 了，因为它是为世界大战而生的，大多数战争、地区冲突中根本用不上。总体而言，FAB-9000 是一款威力巨大但不实用的武器，除非再次发生世界大战。

基本参数	
重量	9407千克
长度	5.05米
直径	1.2米

■ 性能特点

　　FAB-9000 是自由落体炸弹，轰炸精度不太高，弹体呈圆柱形，直径 1.2 米，长 5.05 米，准确来说，炸弹重 9407 千克，内部装填了 4297 千克爆炸物，弹尾收小，安装了 8 片尾鳍，弹头和去除风帽的被帽穿甲弹有些类似，有一个鞍部。FAB-9000 可以用战略轰炸机以 1200 千米的时速在 1.6 万米高空投掷，炸弹可以钻入地下 12 米，致命冲击波半径 57 米。

相关链接 >>

从性能上看，好像 FAB-9000 航弹的毁伤能力与它的体格并不相符，其实不然，它的主要作战对象并不是有生目标，主要是深入一定地层引爆，利用爆炸冲击破坏建筑物的地基和地表结构，按照设想，几十架轰炸机挂上这种炸弹就能重创一个工业区。

▲ 展示中的 FAB-9000 航弹

125

RDS-1 "南瓜"核炸弹（苏联）

■ 简要介绍

RDS-1 "南瓜"核炸弹是苏联于 1949 年研制出的第一个核试验武器。1941 年，苏德战争爆发，苏联的军械研究和试验场所几次搬迁。1942 年，苏联获得美国的"曼哈顿计划"情报，同时地质专家在车里雅宾斯克、兹拉托乌斯特地区建立了一个特殊的原子研究中心，以"第二实验室"为代号，决定用钚代替铀作为核炸弹的主要原料。

1945 年，美国在日本投放了两颗核炸弹。同年底，斯大林亲自为核项目重新命名"鲍罗金诺"，库尔查托夫被任命为首席科学家；在美国参与核炸弹研究的物理学家福克斯向苏联提供了有关制造核炸弹的各种详细资料。次年 12 月 25 日，库尔查托夫领导的核反应堆获得受控链式反应。1948 年，苏联最高领导命令必须在 1949 年年底前制造出第一批供试验用的核炸弹。1949 年春，苏联人获得了足以制造核炸弹的钚，他们将第一枚钚充料的核炸弹命名为 RDS-1 "铁克瓦"，意即"南瓜"。同年 8 月 29 日凌晨 4 时，"南瓜"核炸弹在大气层中试爆成功。自此，苏联打破了美国的核垄断，成为世界上第二个拥有可用于实战的核炸弹的国家。

基本参数	
爆炸当量	2.1万吨 TNT当量
反应填充	钚

■ 性能特点

RDS-1 "南瓜"核炸弹与"胖子"核炸弹一样，是一种内爆型核武器，核心是固体的钚。在 1949 年于哈萨克的塞米巴拉金斯克试验场第一次试爆中，爆炸产生了 2.1 万吨的威力。将工人在试验场附近建造的由木材和砖头搭建的房屋以及桥梁、军事用的防护钢板、大约 50 架飞机和 1500 只动物全部摧毁。

▲ 库尔查托夫与苏联的第一颗核炸弹

相关链接 >>

1949年8月29日凌晨4时，RDS-1"南瓜"核炸弹在大气层中试爆成功，巨大的蘑菇云在哈萨克草原上空迅速膨胀并盘旋上升。9月9日，一架美国空军的 B-29 飞机在日本上空飞行时自动追踪设备突然捕捉到了异常目标——远远飘过来的一朵可疑的云彩。经过取样，该"云彩"来自苏联。同时美国海军中一位科学家在雨水中找到了核裂变产物铈-141 和钇-91。

RDS-220 "大伊万"氢弹（苏联）

■ 简要介绍

RDS-220"大伊万"氢弹又称"沙皇炸弹"，也称为"赫鲁晓夫炸弹"，是苏联于 1961 年爆炸的大型炸弹，其爆炸威力约为 5000 万吨 TNT 当量。1952 年 11 月，美国在太平洋的比基尼岛上进行了初次氢弹试验。苏联试验人员设法获取了部分资料数据，并于 1953 年 8 月在谢米巴拉金斯克也进行了类似试验。1954 年又成立了以科学院院士库尔查托夫、萨哈罗夫、哈里通为首的"克勃-11"实验室，开始研制亿吨级的超级氢弹。在所有官方文件中，它被称作是"编号 202 产品"；在研制人员之间，它又被称为"伊万"。

1954 年 7 月，苏联政府决定在位于北极圈内的新地岛修建核试验场，将其命名为海军科研靶场。为保密起见，苏联将这一工程定名为"700 工程"。至 1958 年，苏联先后在新地岛进行了 20 多次核试验。1960 年秋天，赫鲁晓夫在联合国大会上向世界宣布："苏联完成了超巨型氢弹的研制工作，该氢弹的爆炸当量为亿万吨级。"1961 年 10 月 30 日，"大伊万"成功进行了试验。

基本参数	
重量	27000千克
长度	8米
直径	2.1米
爆炸当量	5000万~5800万吨 TNT当量

■ 性能特点

1961 年，在 RDS-220"大伊万"氢弹的爆炸地点，厚 3 米、直径为 15 至 20 千米的冰块被融化。在距离爆心方圆 50 千米之内，一切都被烧尽、熔化。在距爆心方圆 400 千米以内，所有的砖瓦结构农舍只剩下断壁残垣，冲击波的威力还波及 800 千米以外，所有建筑的窗户都被破坏。

▲ 库中的 RDS-220 "大伊万" 氢弹

相关链接 >>

RDS-220 "大伊万" 氢弹计划重量为 40 吨，1 亿吨 TNT 当量，但无论是设计师还是其他任何人都无法将此巨大炸弹送上图-95 战略轰炸机，为达到实战运载，只得让 "大伊万" 至少 "减肥" 14 吨，实际重 27 吨的 "大伊万" 当量比 1945 年在日本广岛投下的 "小男孩" 核炸弹大 3846 倍。

大满贯炸弹（英国）

■ 简要介绍

大满贯炸弹通常叫"地震炸弹"，是由英国科学家巴恩斯·沃利斯发明的用来贯穿厚混凝土层的巨型炸弹。1942年，巴恩斯·沃利斯接受英国皇家空军请求，研制成功6吨级别的"高脚杯"地震炸弹。该炸弹在实战中威力巨大，特别是在击沉"提尔皮茨"号战列舰中发挥了决定性作用。在此基础上，1943年7月，沃利斯展开了10吨级别炸弹的研制，新的炸弹被命名为"大满贯"（又名巨响）。

大满贯炸弹在1945年3月14日第一次被使用。当时英国皇家空军少校阔德带领兰开斯特轰炸机小队攻击毁坏了贝拉佛铁路桥的两个桥拱。大满贯炸弹另一次著名的战绩是轰炸一个接近布里曼的潜艇基地。两枚大满贯炸弹穿透了7米的钢筋混凝土天花板，巨大的爆炸摧毁了洞库中的部分潜艇，但未能损伤洞库的主体结构。

由于大满贯炸弹使用时间较晚，所以二战期间只用了41枚，其中大部分都用来炸毁桥梁。从1943年到1945年，英美两国一共制造了近1000枚地震炸弹，为二战的胜利立下汗马功劳。

基本参数	
重量	10000千克
长度	8.08米
直径	1.17米
爆炸当量	6.6吨TNT当量

■ 性能特点

大满贯炸弹重量达到10吨，头部由加强弹锥保护。炸弹内部填充了4144千克铝末混合-D1高爆炸药。大满贯对土壤层的贯穿力为40米，对混凝土层的侵彻深度可达6米。它是核武器出现之前，人类制造过的最大的爆炸物，也是迄今为止投入实战的最大爆炸物。

▲ 装卸大满贯炸弹

"蓝色多瑙河"核炸弹（英国）

简要介绍

"蓝色多瑙河"核炸弹是英国皇家飞机署于20世纪50年代初研制的英国最早的核武器之一。

英国的核武器开发可追溯到1942年。当年夏天，英国首相丘吉尔和美国总统罗斯福在伦敦海德公园会晤，决定以美国为核炸弹研试地点。不过，美国拒绝向英国提供有关情报。第二次世界大战后，英国人迅速在伯克郡建立了自己的科研基地。1946年8月，美国总统杜鲁门签署《麦克马洪法案》，决定由美国垄断核炸弹生产，彻底堵塞美、英原子情报交流渠道。

1949年2月，布鲁诺·蓬泰科尔从加拿大回到英国接任该基地主管科学的主任职务，使得英国的核科研工作具备了雄厚的科技力量。1952年，英国皇家飞机署便进行了"蓝色多瑙河"核炸弹的研制。同年10月3日，这枚英国第一颗核炸弹在澳大利亚蒙特贝洛沿海的船上试爆成功，成为世界上第三个拥有核武器的国家。

"蓝色多瑙河"核炸弹1953年开始装备部队，共生产了20颗，先后装备英国皇家空军的"勇士""火神"和"胜利者"轰炸机。1962年退役。

基本参数	
长度	7米
爆炸当量	2万吨TNT当量
装药类型	钚-239

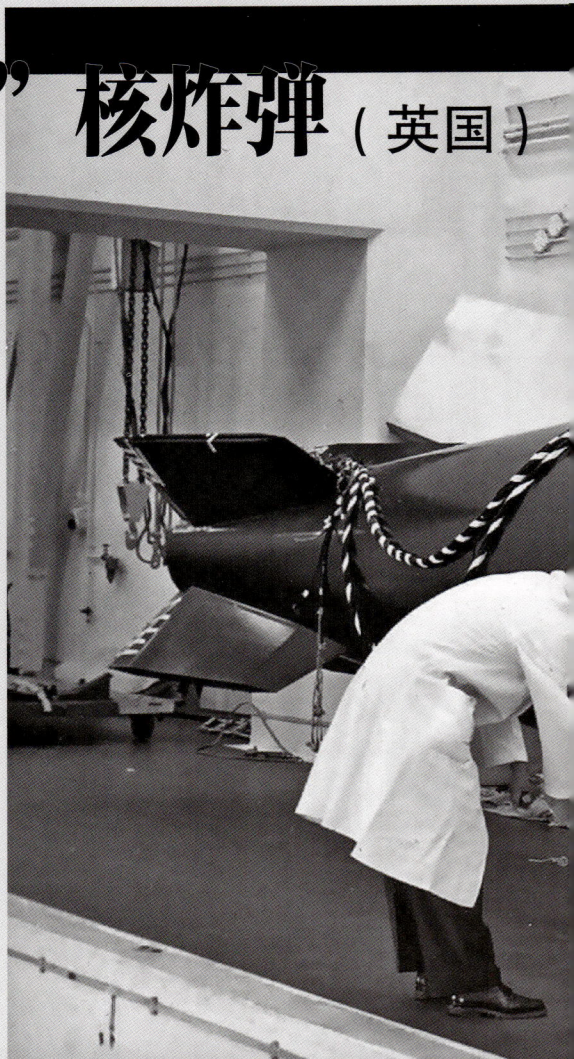

性能特点

"蓝色多瑙河"核炸弹由引爆控制系统、壳体、空气动力系统以及弹体内各部件组成。最初的试验型战斗部填料为钚-239，后期生产型改用钚-239和铀-235的混合核裂变装药弹芯。它体型虽然不大，但高达2万吨TNT当量的爆炸威力，可将一个大中型都市毁于一旦。

▲ 投掷"蓝色多瑙河"核炸弹

相关链接 >>

冷战时期，英国战争办公室在 1954年下令开发代号"蓝孔雀"的核地雷，这是一种重达 7.2 吨的核炸弹。由于缺乏裂变材料，结构设计借鉴了皇家空军的"蓝色多瑙河"自由落体核炸弹的设计。"蓝孔雀"核地雷的设计构想是将核地雷埋藏于西德，通过远程遥控将它引爆，用核爆炸来阻止苏联红军的钢铁洪流。

"红须"战术核炸弹（英国）

■ 简要介绍

"红须"战术核炸弹是英国原子武器研究院于 1954 年开始研制的第二种核炸弹，也是第一种战术核航弹。20 世纪 50 年代，整个欧洲陷入了集体衰落。为了遏制苏联，维护其在欧洲的主导地位，美国联合西欧一些国家成立了北大西洋公约组织，即"北约"。

由于北约在地面部队上处于下风，转而大力发展空中力量，大名鼎鼎的"虎"式直升机、AH-64 直升机、A-10 攻击机、F-117 战机全是为应对欧战而开发的。当时英国也研制出了"勇士""火神""胜利者""堪培拉"等轰炸机和"弯刀""掠夺者"等战斗机。为了给这些战机装备强大的火力，英国原子武器研究院于 1954 年开始研制第二种核炸弹，经过几年的努力，最终推出了比"蓝色多瑙河"体积、重量更小更轻的"红须"核炸弹。该炸弹 1959 年生产，次年开始装备英国皇家空军，不久又装备英国海军。1971 年，"红须"战术核炸弹全部退役。

基本参数	
长度	3.66米
直径	0.71米
爆炸当量	0.5万~2万吨TNT当量

■ 性能特点

"红须"战术核炸弹作为新型的核航空炸弹，英国人为其在结构上做了重大改变。为降低纯钚弹提前爆炸的风险，其核物质使用了钚和铀。同时，它借助添加热核材料氚化锂助爆以大大增加其威力，因此体积相比"蓝色多瑙河"核炸弹有所减小，重量有所减轻。该炸弹有 MK1 和 MK2 两种型号，爆炸威力分别为 1.5 万吨 TNT 和 2.5 万吨 TNT 当量。

▲ 运输中的"红须"战术核炸弹

相关链接 >>

　　"红须"战术核炸弹服役后，皇家空军分配到了 110 枚，其中 48 枚储存在塞浦路斯，48 枚储存在新加坡。后来，皇家海军也分配到了 35 枚"红须"战术核炸弹，搭载战机有布莱克本"掠夺者""海泼妇"和"弯刀"海军攻击机。与"红须"类似的核航弹还有"黄太阳"热核炸弹，之后它们被 WE177 热核炸弹所取代。

AN-11/22 型核炸弹（法国）

简要介绍

AN-11 型核炸弹是法国的第一种实战核武器，是一种以钚为填料的纯裂变核武器。

1954 年 5 月，法国在奠边府战役中失败。印支半岛的军事失败刺激了法国政府对核武器的兴趣。同年 12 月 26 日，法国政府正式批准研制核武器。

1956 年，美国对于苏伊士运河危机的态度使法国进一步认识到美国不可能为了法国的国家利益而做出牺牲，因此不能相信美国的核保护承诺。

同年 11 月 30 日，法国国防部和 CEA 开始准备核试验。1958 年 4 月，法兰西第四共和国最后一任首相菲里克斯·盖拉德正式下令开始制造第一个核试验装置。经过多年努力，1962 年，法国推出了第一种实用型核炸弹头——就是幻影 A4 轰炸机携带的 AN-11 核航弹。

该炸弹 1964 年开始装备部队。1967 年，又推出了性能更为安全的 AN-22 型核炸弹，一直服役到 1988 年 7 月。

基本参数	
重量	AN-11：1500千克 AN-22：700千克
爆炸当量	AN-11：6万吨TNT当量 AN-22：7万吨TNT当量

性能特点

AN-11 型核炸弹采用钚-239 为纯裂变装药，内爆法组装结构，爆炸威力为 6 万吨 TNT 当量。其改进型 AN-22 型也属于内爆法纯裂变钚弹，爆炸威力为 60 至 70 吨 TNT 当量，后来减轻了弹重，但爆炸威力不变。该型核炸弹上还增加了安全结构和阻力降落伞，一旦发生事故，核炸弹可自动失效，从而提高了安全性。

▲ 阵列中的 AN-11 型核炸弹

相关链接 >>

1945 年 10 月 18 日，戴高乐将军决定研究原子弹，因此成立了原子能委员会，由著名物理学家、居里夫人的女婿弗雷德里克·约里奥·居里担任主要负责人。1948年，法国在本土找到了铀矿，第一座反应堆建立起来，并于 1949 年分离出钚。

1956 年，席勒内阁制定了核能试验五年计划，1958 年，戴高乐重新上台执政后，加快了研制核武器的步伐。

AN-51/52型核炸弹（法国）

■ 简要介绍

　　AN-51/52型核炸弹是法国于20世纪70年代研制的两种核武器。1960年2月13日，法国在非洲西部撒哈拉大沙漠赖加奈的一座100米的高塔上成功爆炸了第一颗核炸弹。这颗具有6万吨TNT当量核裂变能量的核炸弹，使法国成为世界上第四个拥有核武器的国家。之后不久，法国推出了AN-11/22型核炸弹。法国第一种导弹核弹头是S2中程地地弹道导弹使用的MR-31弹头，于1965年10月首次试射，1966年11月进行首次热试验。就在S2进行首次试射时，法国为了建立战术层面的独立核威慑，开始平行研制"通用战术核武器"MR-50，并于1966年7月试验成功。还在此基础上研制了用于Pluton短程导弹的AN-51钚裂变型导弹核弹头和战术核武器AN-52型核炸弹。AN-51型于1971年6月5日进行首次核爆试验，1973年进入库存，1974年5月装备在法国"冥王星"地地战术导弹上，1993年同"冥王星"一起退役；AN-52型核炸弹于1972年进行实战型核弹的首次空投爆炸试验，1973年装备在"幻影"3E、"美洲虎"和"超军旗"作战飞机上。

基本参数（AN-52型）	
重量	455千克
长度	4.2米
爆炸当量	0.6万~2.5万吨TNT当量

■ 性能特点

　　AN-51型和AN-52型核弹均属钚裂变型。AN-51型可在距地面300米至400米的低空爆炸，也可以实施地面爆炸，主要搭载于1967年制造的"冥王星"地地战术导弹，核弹头在导弹发射前装上导弹，60%的核弹头采用1万吨当量的AN-51型。AN-52型为改进型核弹，有两种爆炸威力：一种爆炸威力为6000吨至8000吨TNT当量，另一种为2.5万吨TNT当量。其发射车是改装的AMX-30坦克底盘。

▲ 机载 AN-52 型核炸弹

相关链接 >>

AN-51 型核弹头于 1974 年 5 月开始服役，共制造了约 70 枚，主要装配在法国"冥王星"地地战术导弹上。1993 年，该核弹连同"冥王星"导弹一起退役。AN-52 型核炸弹 1973 年开始服役，用于"幻影"3E、"美洲虎"A 战斗机和"超军旗"攻击机，至 1991 年间开始退役，服役期间共制造了 80 枚至 100 枚。

王牌潜艇

  潜艇一般是指用柴油机作为动力源，边航行边带动发电机给电池充电的常规潜艇。由于柴油机工作需要大量的氧气，因此只有在水面状态、半潜状态和通气管状态航行时才能充电。

  核潜艇是潜艇中的一种类型，是以核反应堆为动力来源设计的潜艇。由于这种潜艇的生产与操作成本很高，加上相关设备的体积与重量限制，只有军用潜艇才会采用这种动力来源。核潜艇水下续航能力能达到20万海里，自持力达60天至90天。

  核潜艇又分为几种类型，其中有攻击型核潜艇，它是一种以鱼雷为主要武器的核潜艇，用于攻击敌方的水面舰船和水下潜艇；弹道导弹核潜艇，是以弹道导弹为主要武器，也装备有自卫用的鱼雷，用于攻击战略目标；巡航导弹核潜艇，以巡航导弹为主要武器，用于实施战役、战术攻击；用于试验的核潜艇，只作为特殊作战和仪器、装备试验的平台而使用。

  潜艇在历次战争中均扮演了至关重要的角色。它们能够悄无声息地接近敌人，发动致命打击，极大地提升了战争的隐蔽性和突然性。从早期的侦察破坏任务，到现代战争中的核威慑与情报收集，潜艇的作用不断得到拓展。在二战期间，潜艇击沉了大量敌军战舰和商船，成为战争胜利的有力保障。此外，潜艇的独立作战能力和长航程特性，使其在远离基地的海域也能发挥重要作用。潜艇的隐蔽性、攻击能力和战略价值，使其成为战争中不可或缺的重要力量。

俄亥俄级战略核潜艇（美国）

■ 简要介绍

俄亥俄级战略核潜艇是美国海军 1976 年开始建造的核能潜艇的代表作。

20 世纪 70 年代，美国海军开始发展用于取代乔治·华盛顿级战略核潜艇与伊桑·艾伦级战略核潜艇的新型弹道导弹核潜艇，原始设计的限制使它们无法换装较新型的"三叉戟"C-4 弹道导弹。在美国海军最初的规划中，俄亥俄级只是一种放大改良版的拉法耶特级战略核潜艇，但最终发展成了一个新级。

为了符合成本效益，俄亥俄级核潜艇最后设计成了拉法耶级的两倍大，成为美国海军最大的潜艇。首艘"俄亥俄"号 1976 年开建，1979 年下水，1981 年服役。最初，美国海军打算建造 24 艘俄亥俄级核潜艇，不过由于冷战结束以及美苏第二阶段战略裁减谈判，遂取消了最后 6 艘，共建了 18 艘。2002 年，由于俄亥俄级弹道导弹核潜艇前几艘的舰体老化，无力承担战略核威慑巡航任务，因此对"俄亥俄"号、"密歇根"号、"佛罗里达"号和"佐治亚"号开始进行了改装，成为携带常规制导导弹的巡航导弹核潜艇（SSGN）。

基本参数

基本参数	
艇长	170.7米
艇宽	12.8米
吃水深度	10.8米
排水量	16764吨（水上） 18750吨（水下）
水下航速	20节
潜深	240米
自持力	45天
艇员编制	155人
动力系统	1座S8G型压水堆；2台传动涡轮发动机；1台辅助发动机

■ 性能特点

俄亥俄级战略核潜艇采用了许多先进静音科技进行隐身，弹道导弹搭载量更是全球最多的。前 8 艘都使用 C-4 "三叉戟"弹道导弹，射程 7400 千米，圆公算偏差约 380 米，配备 8 枚 MK-4 多重独立目标重返载具。从"田纳西"号开始，改配更具威力的 D-5 "三叉戟Ⅱ"型洲际导弹，射程增加至 12000 千米，每一枚 D-5 最多可携带 14 枚 MK-4 型 MIRV，还可携带威力更强的 MK-5MIRV。

▲ 俄亥俄级战略核潜艇的导弹发射口

知识链接 >>

俄亥俄级战略核潜艇采用昔日美国海军战斗舰以州名命名的规则，但唯一的例外是采用人名命名的 SSBN–730 艇。该艇原本打算命名为"罗得岛"号，但在1983 年 9 月 1 日，美国参议员亨利·杰克森突然过世，因此美国海军将同年安放龙骨的 SSBN–730 命名为"杰克森"号以兹纪念，而"罗得岛"则改用于之后的 SSBN–740 上。

俄亥俄级巡航导弹核潜艇（美国）

■ 简要介绍

俄亥俄级巡航导弹核潜艇是进入21世纪后，由4艘俄亥俄级战略核潜艇改装而来的。

随着1993年《削减战略武器条约》的签订，美国不得不削减4艘弹道导弹核潜艇，1994年，克林顿政府在核态势评估中提出了巡航导弹核潜艇的设想。同时，尽管20世纪90年代的武库舰计划在海军阻挠下终止，但美国国会始终对类似概念十分感兴趣，并且很执着于"转型"的概念，巡航导弹核潜艇就是其中之一。

这时，俄亥俄级弹道导弹核潜艇服役已满30年，较早入役的前几艘已经开始老化，已无力承担常态战略核威慑巡航值班。随着反恐战争对特种部队和巡航导弹打击的需要，巡航导弹核潜艇变得热门起来。

于是在2002年，美国海军决定将"俄亥俄"号、"密歇根"号、"佛罗里达"号和"佐治亚"号改装成为携带常规制导导弹的巡航导弹核潜艇。

基本参数（"俄亥俄"号［SSGN-726］）	
艇长	170.7米
艇宽	12.8米
吃水深度	10.8米
排水量	16764吨（水上） 18750吨（水下）
水下航速	20节
潜深	240米
自持力	45天
艇员编制	155人
动力系统	1座S8G型压水堆；2台传动涡轮发动机；1台辅助发动机

■ 性能特点

俄亥俄级巡航导弹核潜艇在设计上主要的改进是：将原来的24单元"三叉戟II"型潜射弹道导弹的发射装置替换。其中22单元发射装置分别替换为7单元的战斧导弹发射装置，总计携带154枚战斧导弹；剩余2个单元用于投放特种部队。为了配合特种部队的活动，潜艇还将携带先进海豹输送系统和干甲板输送舱。

▲ 接应俄亥俄级巡航导弹核潜艇

知识链接 >>

俄亥俄级巡航导弹核潜艇被誉为"当代潜艇之王"。就整体性能而言，它是世界先进的战略核潜艇之一。核潜艇上的"三叉戟"导弹，射程较以往大幅度增加，只需部署在美国，即具有相当大的威胁性，这意味着俄亥俄级巡航导弹核潜艇主要任务区域，只需在美国拥有控制权的海域即可，因而占了很大的优势。

949型奥斯卡级巡航导弹核潜艇

（苏联/俄罗斯）

■ 简要介绍

949型奥斯卡级巡航导弹核潜艇是苏联自1969年至1982年建造的第四代巡航导弹核潜艇。

自20世纪60年代以来，苏联海军一贯把攻击美国海军航母编队，保卫本土不受严重威胁作为主要战略使命之一。临近70年代，美国海军大型水面舰艇又有新的发展，特别是尼米兹级航母的服役，对苏联又构成了新的威胁。因此，苏联需要发展新的核潜艇，以使敌方攻击型核潜艇难以接近苏联海军的舰队和基地。于是在1969年提出建造一级新型高性能巡航导弹核潜艇的战术技术任务书。

1969年，新型核潜艇由红宝石设计局开始设计，设计代号为949。首艇由北德文斯克造船厂建造，1980年下水，1982年服役，艇号K-525；2号艇K-206于1980年开工，1982年12月下水，1983年开始服役。

之后设计加以改进，从第三艘起，项目代号由949变为949A。北约将前两艘949原型艇命名为"奥斯卡Ⅰ型"，而将后续建造的949A型称为"奥斯卡Ⅱ型"，统称为奥斯卡级。

基本参数（"摩尔曼斯克"号）	
艇长	154米
艇宽	18.2米
吃水深度	9.2米
排水量	13400～13900吨（水上） 18000～18300吨（水下）
水下航速	28～32节
潜深	500米
自持力	约120天
艇员编制	107人
动力系统	2座VM-5型压水堆；2台蒸汽轮机；2台汽轮发电机

■ 性能特点

奥斯卡级巡航导弹核潜艇采用特殊的双层壳体结构，至少需要3枚MK-46鱼雷才能击穿，同时，这种结构也有利于潜艇在北极冰下活动。根据作战需要，奥斯卡级巡航导弹核潜艇装备了较多的武器以提高攻防能力，可搭载24枚导弹。其对近距离目标主要以53型/65型鱼雷实施攻击，对远距离目标主要以3K-45"花岗岩"反舰导弹实施攻击；反潜武器为RPK-2"暴风雪""海星"反潜导弹。

▲ 949 型奥斯卡级巡航导弹核潜艇的导弹发射口

知识链接 >>

949 型奥斯卡级别巡航导弹核潜艇不足之处，主要体现为噪声水平相对较高，这在一定程度上影响了其隐蔽性和作战效能；导弹发射平台设计相对复杂，对操作和维护的要求较高，这也增加了使用难度和成本；尽管具备强大的打击能力，但在某些情况下，其携带的武器系统可能过于庞大或复杂，不利于快速部署和灵活作战。

941型台风级战略核潜艇

（苏联/俄罗斯）

■ 简要介绍

941型台风级战略核潜艇，是苏联于20世纪70年代研制的当时最大的弹道导弹核潜艇。冷战时期，苏联和美国展开了激烈的军备竞争，1968年，美国决定在新型运载武器的基础上发展三叉戟战略导弹系统，随后在1972年审查了100多个方案，并于1976年开始建造俄亥俄级战略核潜艇。苏联为应对美国的威胁，则于1968年授命红宝石设计局立即研制一款新的弹道导弹核潜艇，于是红宝石设计局拿出了667BDR型战略核潜艇方案，但是军方并不满意，便启动了"941工程"。

1969年，苏联海军下达了研制"941工程"的战术技术任务书，科瓦列夫被任命为"941工程"的总设计师，基本上苏联所有弹道导弹核潜艇都是他领衔设计的。台风级核潜艇一共建造了6艘。1977年3月3日，首艘TK-208在北德文斯克造船厂开工建造，1980年9月23日下水，1981年12月12日服役；最后一艘于1989年服役。苏联解体后，有3艘已被拆解，剩下的3艘中，2艘于2013年年底退役。2023年4月，首艇"德米特里－东斯科伊"号退役。

基本参数	
艇长	172.8米
艇宽	23.3米
吃水深度	11.5米
水下排水量	26500吨
水下航速	25节
潜深	400米
自持力	90天
艇员编制	160人
动力系统	2座压水堆 2台汽轮机

■ 性能特点

941型台风级战略核潜艇最独特的地方在于它非典型的双壳体结构，在非耐压艇体内有好几个耐压艇体。导弹发射筒就布置在这2个主耐压艇体之间，可以同时齐射2发P-39导弹，这是其他级别的弹道导弹潜艇无法做到的。它配备有专门设计的"鲍托尔-941"型综合导航系统和新型天文校正仪，后者能在敌方空间核爆炸几秒钟后就恢复工作性能。

▲ 941型台风级战略核潜艇巨大的发射口

知识链接 >>

2010年春，俄美签署了第三阶段削减战略进攻性武器条约，按条约规定，俄台风级核潜艇每艘最多可携带200枚核弹头，如果3艘全部满载，几乎将占新条约限制标准的一半。可是俄军方认为，一艘台风级的现代化升级费用相当于两艘北风之神级战略核潜艇的建造费用，因此，俄海军将不会对台风级进行改装。

955型北风之神级战略核潜艇

（俄罗斯）

■ 简要介绍

955型北风之神级战略核潜艇是苏联于20世纪80年代初开始设计的德尔塔级核潜艇及台风级核潜艇的后继型。首艇"尤里·多尔戈鲁基"号于1996年开始建造，2006年3月19日，在首艇和2号艇"亚历山大·涅夫斯基"号还没有完工的情况下，俄罗斯又开工建造了3号艇。

随着苏联解体，潜艇最早计划搭载的SS-N-28弹因三次发射失败而下马，取而代之的是SS-NX-30"布拉瓦"导弹。于是，该级潜艇被重新设计以适应新的导弹。

"尤里·多尔戈鲁基"号于2007年4月15日出厂海试，但至2012年12月30日才正式服役；2号艇于2013年12月服役。截至2022年，俄罗斯已建造8艘北风之神级核潜艇，计划将最终建造10艘，9号、10号已列入建造计划，将取代现有全部弹道导弹战略核潜艇，以实现俄罗斯海军弹道导弹战略核潜艇更新换代，为俄罗斯恢复战略核力量、重塑大国形象提供强有力的保障。

基本参数	
艇长	170米
艇宽	13.5米
吃水深度	10米
水下排水量	24000吨
水下航速	29节
潜深	450米
自持力	大于90天
艇员编制	107人
动力系统	1座OK-650B核动力推进系统 1台蒸汽轮机 2台自主涡轮发电机 1台备用柴油发电机 2台辅助水中悬停/码头停驻电动引擎

■ 性能特点

955型北风之神级战略核潜艇具备高度隐蔽性、强大打击力和精良通信导航等多种性能特点。该潜艇采用双壳体设计，具有极佳的隐蔽性和续航能力；装备了新型弹道导弹，具备强大的远程打击能力；同时，采用先进的通信导航技术，确保精确打击。其综合性能达到世界先进水平，是俄罗斯核威慑力量的重要支柱。

▲ 955 型北风之神级战略核潜艇控制室一角

前卫级战略核潜艇（英国）

■ 简要介绍

前卫级战略核潜艇是英国 20 世纪 80 年代研制的第二代战略核潜艇。早在 20 世纪 60 年代末，苏联弹道导弹防御系统的发展对英国产生了深刻的影响，自此英国开始发展潜基战略核力量，并在此后多次购买了美国"三叉戟"型导弹。1982 年 3 月，又决定购买"三叉戟Ⅱ"型导弹装备 4 艘新型核潜艇。1983 年 12 月，英国维克斯－阿姆斯特朗造船工程有限公司签订潜艇合同，该级潜艇被命名为前卫级。

前卫级在设计过程中曾经考虑过 4 个方案：第一是在英国勇士级攻击核潜艇的耐压艇体上嵌加美国拉法耶特级的导弹舱；第二是在特拉法尔加级攻击核潜艇基础上稍加改进；第三是在特拉法尔加级艇体上直接嵌加俄亥俄级战略核潜艇导弹舱；第四是专门为装备"三叉戟Ⅱ"型导弹系统设计新艇体。经过反复考虑和论证，最终采用了第四个设计方案。

基本参数（"先锋"号）	
艇长	149.9米
艇宽	12.8米
吃水深度	12米
水下排水量	15900吨
水下航速	25节
潜深	350米
艇员编制	135人
动力系统	1座PWR-2型压水堆 2台蒸汽轮机 2台柴油交流发电机

■ 性能特点

前卫级战略核潜艇采用了英国首创的泵喷射推进技术，有效降低辐射噪声，安静性和隐蔽性尤为出色。更换核反应堆芯的间隔预计 8 年到 9 年。潜艇外表覆盖均匀的吸声涂层，并置有光导发光潜望镜。主武器为 16 枚"三叉戟Ⅱ"型潜射弹道核导弹，射程为 12000 千米，使潜艇的战备巡逻海域扩大至 5500 万平方海里。

▲ 前卫级战略核潜艇浮出海面

知识链接 >>

2015 年 5 月初，英国一名海军机械师通过网络曝出前卫级的安全漏洞，包括测试失败的导弹是否可以安全启动、导弹安全程序被忽略、对绝密信息的保护不完善等问题。安检漏洞方面有：携带进潜艇的包从来不检查；任何人可轻易进入核潜艇控制室；潜艇身份识别系统已经坏掉，保安不检查上艇人员的通行证。

凯旋级战略核潜艇（法国）

■ 简要介绍

凯旋级（又名胜利级）战略核潜艇是法国海军在役的最先进的战略核潜艇。法国一贯把优先发展独立的核威慑力量作为国防建设的基本方针，是唯一的先发展战略导弹核潜艇后发展攻击型核潜艇的国家。自1960年至1985年，法国共建造了6艘弹道导弹核潜艇，其不屈级弹道导弹核潜艇装备M4导弹，但射程只有5300千米，而它们的服役期很长，1991年12月才开始退役。法国总统密特朗曾在1991年说："我们在2000年的方针仍将以战略核威慑为中心，这就必须保留我们的战略威慑力量。"为代替老旧的弹道导弹核潜艇，装备射程为11000千米的M5导弹，法国自1981年7月开始发展第三代凯旋级弹道导弹核潜艇。

凯旋级战略核潜艇最初决定建造6艘，后来逐渐削减至4艘，分别为"凯旋"号、"鲁莽"号、"警戒"号和"可惧"号。首艇"凯旋"号于1989年6月9日在瑟堡海军造船厂开工建造，1994年3月26日下水，1997年3月21日服役。1999年12月，"鲁莽"号开始服役，末艇"可惧"号则于2010年服役。

基本参数（"凯旋"号）	
艇长	138米
艇宽	12.5米
吃水深度	10.6米
水下排水量	14335吨
水下航速	25节
潜深	400米
自持力	大于60天
艇员编制	111人
动力系统	1座K-15型压水堆装置；2台蒸汽轮机；4台发电机；1台螺旋桨电动机；2台柴油机；1台柴油发电机；1组蓄电池组器

■ 性能特点

凯旋级战略核潜艇采用先进的一体化自然循环核反应堆、全电力推进、整合的静音技术、新型的弹道导弹以及先进的电子侦察设备。装备射程远、精度高、威力大的弹道导弹，具有6个分导式多弹头，可同时攻击多目标，打击范围及攻击能力比"威严"级弹道导弹核潜艇增大一倍以上，M5导弹可攻击世界任何地方。

▲ 俯视凯旋级战略核潜艇

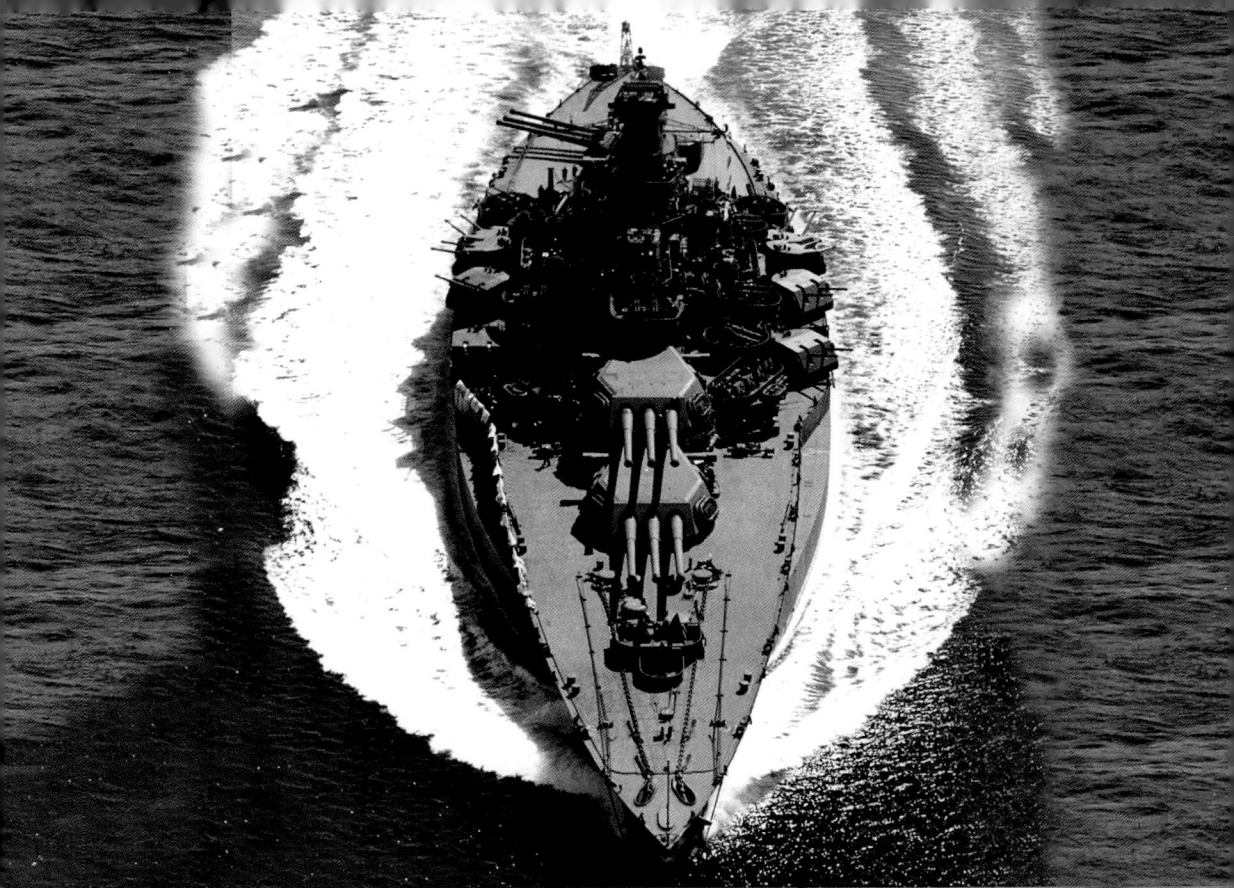

王牌战舰

    战舰是指参加战斗的海军舰艇，是在海上执行战斗任务的船舶，直接执行水面上的战斗任务。战斗舰艇按其航行状态不同，分为水面战斗舰艇和水下战斗舰艇，本节只介绍水面战斗舰艇。

    水面战斗舰艇执行水面战斗任务，按其基本任务的不同，又区分为不同的舰种，有航空母舰、战列舰、巡洋舰、驱逐舰、护卫舰、导弹艇、两栖登陆舰等。在同一舰种中，按其排水量、武器装备的不同，又区分为不同的舰级，如苏联的"卡拉"级导弹巡洋舰等。 在同一舰级中， 按其外形、构造和战术技术性能的不同，又区分为不同的舰型。

    水面战斗舰艇按其排水量大小分为大、中、小型：大型水面战斗舰有航空母舰、战列舰、巡洋舰；中型水面战斗舰艇有驱逐舰、护卫舰等；小型水面战斗舰艇有巡逻艇、导弹艇等。水面战斗舰艇中标准排水量在500吨以上的，通常称为舰；500吨以下的，通常称为艇。

    战舰在历次战争中均扮演着举足轻重的角色。它们凭借强大的火力、防护力和机动性，成为海战中的主力。无论是护航、登陆作战还是海上封锁，战舰都发挥着关键作用。其强大的炮火可对敌方舰只和岸上目标实施打击，同时还可搭载战机执行空中任务。在战争中，战舰的存在往往决定着海战的胜负，对战争进程产生深远影响。

"前卫"号战列舰（英国）

■ 简要介绍

"前卫"号战列舰是英国建造完成的最后一种战列舰，也是英国皇家海军中最大和最快的战列舰。1936年底，《伦敦海军条约》失效，世界进入无条约时代。此时英国皇家海军预计让舰队战列舰总数扩增至20艘，但相较于德国俾斯麦级的2号舰"提尔皮茨"号战列舰，即使是新造的乔治五世级在单舰战力上仍不尽如人意。设计来应对此局面的狮级战列舰在1939年才动工，完工要到1943年，因而英军试图谋求更速成的战力形成途径。1939年7月，新舰基本设计确定，1940年5月定名为前卫级。

这个计划引起了时任海军大臣的温斯顿·丘吉尔的巨大兴趣，将这个拥有快速优点的新计划热情称呼为"战列巡洋舰"。"前卫"号于1941年10月开工，但随着美国新式战列舰加入大西洋战局，"前卫"号不再紧迫，资源将向更紧缺的舰种倾斜，"前卫"号已成食之无味、弃之可惜的"鸡肋"。而随着法国"黎塞留"号加入战局，英国需要一艘大型战列舰保持住自己欧洲第一的地位，又加快了"前卫"号的建造。最终，"前卫"号于1946年服役，1949年被改为训练舰，并一度作为皇室邮船，1954年退役，1960年被拆毁。

基本参数	
舰长	248.2米
舰宽	32.9米
吃水	11米
排水量	45200吨（标准） 52250吨（满载）
航速	30节
续航力	8250海里 / 15节
动力系统	8台锅炉 4台蒸汽轮机

■ 性能特点

"前卫"号战列舰采用改良后的 Mark 1/N RP12 主炮，专门设计了重879千克的新型穿甲弹，搭配新开发的发射药，最大射程增加到33380米，贯穿力最佳表现是在距离29720米的长距离炮击时仍有可贯穿152毫米水平装甲的性能。此外还有4座双联装381毫米42倍径主炮、8座双联装133毫米50倍径高平两用炮，以及73门40毫米博福斯高射炮。

▲ "前卫"号战列舰靠岸

知识链接 >>

"前卫"号战列舰的防护设计较"乔治五世"号战列舰有所改进，根据实战经验改进了舰体水密隔舱结构；重新设计了舰艏舷弧，舰艏干舷提高，增设防浪板，提高在恶劣海况下的航海性能；舰艉采用方形艉，提高了推进效率。另外除对空、对海搜索雷达外，不仅主、副炮装备了火控雷达，各种口径的防空火炮也装备了炮瞄雷达。

俾斯麦级战列舰（德国）

■ 简要介绍

俾斯麦级战列舰是纳粹德国在二战前建成的最大的主力舰。1932年，德国为了使新式战列舰的数量达到替换所有根据《凡尔赛和约》留下的老战列舰的水平，为对抗苏联的造舰计划，开始对大型战列舰的设计进行理论研究。

1935年，英德海军协议签订，德国马上决定建造谋划已久的大型战列舰，命名为"俾斯麦级"战列舰。其设计延续了德国的大舰风格，但出现了一些一战时期战列舰的设计痕迹。俾斯麦级战列舰共建造服役2艘，首舰"俾斯麦"号于1936年7月1日在德国布隆·福斯造船厂开工建造，1939年2月14日下水，1940年8月24日服役。2号舰是以德意志帝国海军元帅阿尔弗雷德·冯·提尔皮茨的名字命名的"提尔皮茨"号战列舰，于1936年11月2日在德国威廉海军造船厂开工，1939年4月1日下水，1941年2月25日服役。俾斯麦级战列舰虽然集中了当时德国全部财力建造，但服役不久即在二战期间均遭击沉。

基本参数	
舰长	250.5米
舰宽	36米
吃水	10.2米（满载）
排水量	41700吨（标准） 49400吨（满载）
航速	30.12节
续航力	8525海里/19节 6640海里/34节 4500海里/28节
舰员编制	2092人
动力系统	12台高压重油锅炉 3台蒸汽轮机

■ 性能特点

俾斯麦级战列舰有4座双联装主炮塔，在前甲板和后甲板分别各布置两座。主炮可发射重800千克的被帽穿甲弹和高爆弹，穿甲弹和高爆弹的长度均为1.672米，其穿甲弹采用"高初速轻型弹"，而且主炮寿命长，射速也较黎塞留级高，达到每分钟2.3至3发，在近交战距离拥有很好的威力。另外，俾斯麦级战列舰的续航能力非常好，19节高速战斗巡航8000海里。

▲ 行驶中的俾斯麦级战列舰

知识链接 >>

　　俾斯麦级战列舰是纳粹德国研制的第二型战列舰，也是德国海军历史中建造的最大军舰，原设计时，计划超越英德海军协定的规格，标准排水量达到42000吨，远远超过英国海军条约战列舰乔治五世级的35000吨。然而，在服役时，两舰的标准排水量分别达到41700吨和50000吨，是当时除大和级战列舰以外吨位最大的战列舰。

大和级战列舰（日本）

■ 简要介绍

大和级战列舰是二战时日本海军建造的人类历史上最大的战列舰。1934 年，日本以太平洋彼岸的美国为假想敌制定了新的国防方针，由于日本海军在主力舰的数量方面无法同美国海军抗衡，因此决心以单舰的威力来抵消对方在数量上的优势。

同年 10 月，日本海军军令部对海军舰政本部正式下达了新式战列舰的设计任务。1935 年 3 月 10 日至 1936 年 7 月 20 日，日本海军舰政本部先后提出 23 个设计方案（A–140 至 A–140F5）。1936 年，日本退出伦敦海军限制军备的谈判，1937 年，日本海军制订了"03 舰艇补充计划"，确定要建造 2 艘大和级战列舰，最终选用的还是最初的 A–140 方案。大和级战列舰原本计划建造 4 艘，最终只建成 2 艘。

"大和"号于 1937 年 11 月 4 日开始在吴海军工厂动工建造，1940 年 8 月 8 日下水，1941 年 12 月 16 日，正式竣工服役。2 号舰"武藏"号 1938 年 3 月 29 日开工，1942 年 8 月 5 日竣工。1944 年 10 月 24 日，"武藏"号在莱特湾海战中遭到美军水上水下的立体式攻击而沉没；"大和"号则在 1945 年 4 月 7 日被美国海军击沉。

基本参数

基本参数	
舰长	263米
舰宽	38.9米
吃水	10.86米
排水量	64000吨（标准） 72810吨（满载）
航速	27节
续航力	7200海里 / 16节
舰员编制	2415人
动力系统	12台锅炉 4台蒸汽轮机

■ 性能特点

大和级战列舰以其巨型主炮闻名于世。其主炮为三联装 94 式 45 倍径 460 毫米口径舰炮，炮身重 165 吨。大和级也是整个战列舰史上最厚重的一艘。不仅如此，该舰的装甲带还具有良好的防弹外形，其舷侧 410 毫米装甲呈 20 度倾角，甲板边缘处的 230 毫米装甲也带有 7 度的倾角，大大提高了装甲的抗弹性。

▲ 俯瞰大和级战列舰

知识链接 >>

　　曾号称"日本帝国的救星"的大和级战列舰威力虽大，但生不逢时。当时战列舰的主力舰地位正被航空母舰所取代，日本海军将其当作最后决战的王牌，很少出战，导致其错过了最佳时期，最后因缺乏战斗经验，被美国潜艇击沉。大和级战列舰的沉没宣告了日本海军的覆灭，也宣告了大舰巨炮时代的结束。

依阿华级战列舰（美国）

■ 简要介绍

依阿华级战列舰是美国海军排水量最大的一级战列舰。20 世纪 30 年代中期，限制建造新战列舰的华盛顿海军条约期满，1936 年美、英、法三国签订了第二次伦敦海军条约，但由于日本、意大利未签订该条约，1938 年 6 月，美、英、法三国修改了战列舰的限制条款，标准排水量增加到 45000 吨，火炮口径增大到 406 毫米。这时，美国海军确定依阿华级的设计方案作为南达科他级战列舰后续的 4.5 万吨级新型高速战列舰的设计方案，在保持防护水平的基础上重点提高航速，大幅度提高主机功率。1938 年 5 月 17 日到 1940 年 7 月 19 日，共有 6 艘依阿华级战列舰的建造预算获得通过，并在纽约海军造船厂、费城海军造船厂开工建造。1942 年 8 月，首舰"依阿华"号下水，之后两年，"新泽西"号、"威斯康星"号、"密苏里"号先后下水；"伊利诺伊"号和"肯塔基"号则中途停建。4 艘依阿华级战列舰入列美国海军后，在二战中立下了赫赫战功，此后服役多年，至 1992 年才先后退役。

基本参数	
舰长	270.4米
舰宽	32.92米
吃水	10米
排水量	44560吨（标准） 55710吨（满载）
航速	33节
续航力	15900海里 / 17节 9600海里 / 25节
舰员编制	1851人（设计） 2700人（战时）
动力系统	8台重油锅炉 4台蒸汽轮机

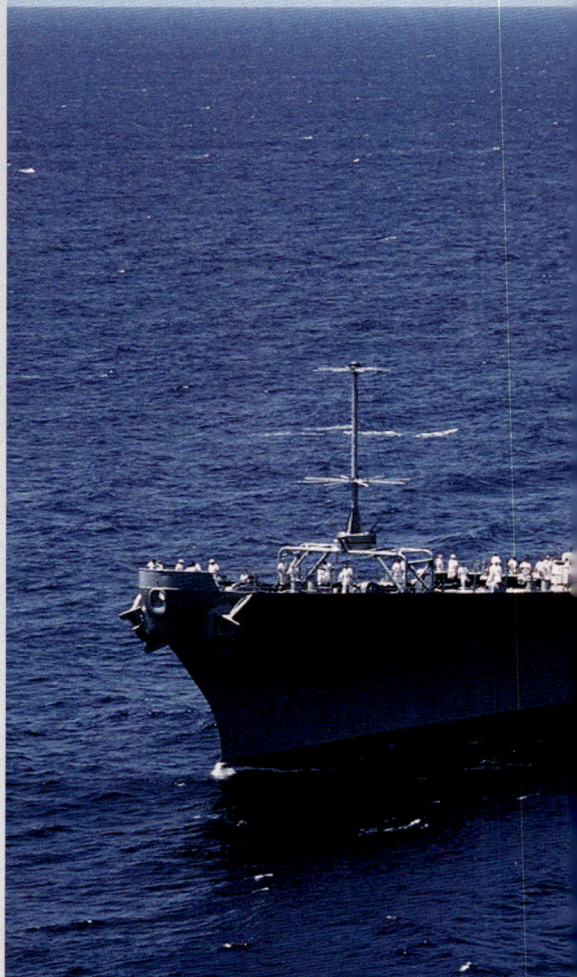

■ 性能特点

依阿华级战列舰的动力装置的主机功率是当时输出功率最大的舰船动力装置，设计航速高达 33 节，是历史上主机功率最大、航速最高的战列舰。后又多次进行现代化改装，包括"战斧"巡航导弹、"鱼叉"反舰导弹、密集阵近程防御武器系统等，加强了对地、对舰攻击能力和反潜防空能力，提高了通信和电子设备的现代化水平。

▲ 依阿华级战列舰战斗中

"长滩"号核动力导弹巡洋舰（美国）

■ 简要介绍

　　"长滩"号核动力导弹巡洋舰是美国二战后新造的首艘核动力导弹巡洋舰。20世纪50年代中期，美国海军计划为RGM-6狮子座巡航导弹建造发射载台"长滩"号。1956年10月19日，美国海军与军工单位签署"长滩"号的建造方案，1957年获得国会批准，并于同年12月2日开工安放龙骨。但因狮子座导弹取消，又逢苏联全力发展从水面、空中、水下发射的各种大型长程反舰导弹以对付美国航空母舰，"长滩"号便改为装备区域防空导弹，作为"企业"号核动力航空母舰的护航舰。又考虑到传统动力舰艇的续航力明显跟不上航空母舰，于是决定建造核动力的巡洋舰。

　　该舰于1959年7月14日下水，1961年9月9日正式服役，实际服役后，却未编入美国海军的航空母舰特遣群。此后，"长滩"号巡洋舰曾多次改进装备，至20世纪90年代初又加装了TFCC战术指挥中心。原本美国海军打算对"长滩"号实施NTU改装工程，但冷战结束后海军规模缩减，大量裁减老旧舰艇，因此，"长滩"号在1994年7月2日停止运作，1995年5月1日退役。

基本参数

基本参数	
舰长	219.8米
舰宽	22.3米
吃水	9.5米
排水量	14200吨（标准） 17525吨（满载）
航速	30节
舰员编制	870人
动力系统	2座核反应堆 2台蒸汽涡轮发动机

■ 性能特点

　　"长滩"号核动力导弹巡洋舰作为配备区域防空导弹的军舰，在舰首配有2具美国海军MK-10双臂发射器，使用射程35千米的RIM-2"小猎犬"防空导弹。第一具发射器拥有2个容量20枚的环形弹舱；而第二具为Mod2构型，拥有4组各装弹20枚的环形弹舱。此外，舰尾还安装了一具MK-12导弹发射器，弹舱容量46枚，使用RIM-8"黄铜骑士"远程防空导弹，射程高达120千米。

▲ "长滩"号核动力导弹巡洋舰在海上

知识链接 >>

　　当时，美国之所以要为航空母舰建造核动力水面舰艇护航，主要考虑到传统动力舰艇的续航力明显跟不上航空母舰；但若为满足补给需求而编入大量后勤舰艇，则舰队行动将受到拖累，护航难度更大，唯有增加护航舰艇的持续作战能力才能根本解决问题。但也因此，"长滩"号的造价高达 3.32 亿美元，故美国海军又称其为"贵妇人"。

"班布里奇"号核动力导弹巡洋舰（美国）

■ 简要介绍

"班布里奇"号核动力导弹巡洋舰是美国海军于 20 世纪 50 年代末建造的第二代核动力导弹巡洋舰，也是美国继"长滩"号巡洋舰和"企业"号航母之后的第三艘核动力水面舰艇。

1959 年，美国海军舰艇核动力计划取得重大进展，经国会批准，海军与伯利恒钢铁公司签订合同，按照莱希级原型换装 D2G 型核反应堆建造一艘核动力驱逐领舰，以验证水面舰只采用核动力的可行性，并将这种当时世界上最小的核动力水面舰命名为"班布里奇"号。"班布里奇"号巡洋舰于 1961 年 4 月 15 日下水，同年 10 月 6 日服役，主要用于组成特混编队，执行警戒、防空和反潜等任务。

1964 年 8 至 10 月，它和"长滩"号巡洋舰组成护航编队，与"企业"号航空母舰组成世界上第一支全核动力特混舰队，进行了环球航行，途中没有加油和再补给，历时 64 天，总航程 32600 海里。1983 年至 1985 年，"班布里奇"号接受了最后的核燃料大修，之后曾参与打击加勒比海反毒品走私巡逻、对北欧水域和地中海巡航等，1996 年 9 月 13 日退役。

基本参数

基本参数	
舰长	172.3米
舰宽	17.6米
吃水	7.7米
排水量	7804吨（标准）8592吨（满载）
航速	30~32节
舰员编制	466人
动力系统	2座核反应堆2台蒸汽轮机

■ 性能特点

"班布里奇"号核动力导弹巡洋舰可发射 RIM-2"小猎犬"防空导弹。以 NTDS 海军战术数据系统进行作战指挥，并有 AN/SPG-34 炮瞄雷达、AN/SPG-55C 防空导弹照射雷达、AN/SPS-39 三坐标对空搜索雷达等制导小猎犬防空导弹和标准防空导弹，使用 SQS-23 舰首声呐、URN-25 塔康导航天线及战术导航系统和 WSC3 型卫星通信系统、AN/SLQ-32/36 电子战系统等。

▲ "班布里奇"号核动力导弹巡洋舰发射导弹

知识链接 >>

"班布里奇"号核动力导弹巡洋舰在 1974 年至 1976 年进行现代化改装升级，增加了 4 套 MK36 干扰火箭弹发射装置，将两座舰炮换装为四联装 MK141 "鱼叉" AGM-84 反舰导弹，从而具备了反舰作战能力。同时其左舷发射架向舰艏指向舷外，右舷发射架则朝后，舰艉副舰桥平台顶端加装一对平台，还将 AN/SPS-39 三坐标对空搜索雷达换为 AN/SPS-48C 雷达。

加利福尼亚级核动力导弹巡洋舰（美国）

■ 简要介绍

加利福尼亚级核动力导弹巡洋舰是美国海军于20世纪70年代初建造的第三代核动力导弹巡洋舰。当时，美国海军为组建以"尼米兹"号航空母舰为主的舰艇编队，决定设计一级大型护卫战舰和多用途巡洋舰，取名加利福尼亚级，共建造两艘，分别为"加利福尼亚"号与"南卡罗来纳"号。首舰"加利福尼亚"号于1971年9月下水，1974年2月正式服役。

随着冷战的结束和大量新型战舰的服役，加利福尼亚级巡洋舰逐渐英雄迟暮。但鉴于它当初在舰型设计、设备性能和武器装备等方面均有独到之处，美国海军还不想完全抛弃掉这个老伙伴。因此对加利福尼亚级两艘舰分别于1990年和1991年进行了改装，主要项目包括：改进MK-74导弹制导系统、SPG-51D火控雷达，用SPS-49对空搜索雷达取代SPS-48B，增装MK-14通用火控系统和SYS-2(V)2综合自动目标检测与跟踪系统，使它们仍然具备优秀的作战能力，而且在此基础上发展出了美国海军最后一级核动力巡洋舰——弗吉尼亚级。1998年，"加利福尼亚"号被划为B类预备舰，1999年，"南卡罗来纳"号被列为B类预备舰。

基本参数

舰长	181.7米
舰宽	18.6米
吃水	9.6米
排水量	9561吨（标准） 10450吨（满载）
航速	30节
舰员编制	603人
动力系统	2座核反应堆 2台蒸汽轮机

■ 性能特点

加利福尼亚级核动力导弹巡洋舰上武备众多，共有2座四联装"鱼叉"反舰导弹、2座SM—1MR"标准"舰空导弹、1座MK16型八联装"阿斯洛克"反潜导弹、2座MK32型三联装反潜鱼雷发射管、2套20mmMK-15型"密集阵"近程防御武器系统。还装有多部对空、对海搜索雷达和多套指挥控制系统，配有LN-66导航雷达和URN-25"塔康"系统及SQS-26CX型声呐系统。

▲ 加利福尼亚级核动力导弹巡洋舰与运输机

知识链接 >>

　　加利福尼亚级核动力导弹巡洋舰的舰型为通长甲板、高干舷，舰部上层建筑中设有甲板室、指挥室和主要控制、操纵舱室。舰艉跟上层建筑顶板上均有一锥形低桅，装有雷达、电子对抗设备和通信设备天线。配备的"标准"防空导弹可以攻击中、高空飞机和反舰导弹及巡航导弹，必要时还可攻击水面舰艇。

弗吉尼亚级核动力导弹巡洋舰（美国）

■ 简要介绍

弗吉尼亚级巡洋舰是美国海军 20 世纪 60 年代末期开始研制的第四级、也是最后一级核动力导弹巡洋舰。当时，随着尼米兹级核动力航母的研制成功和陆续服役，美国海军仅有的 3 艘核动力巡洋舰已无法满足需要。为此，美国海军提出了发展两型全综合指挥与可控制的核动力导弹巡洋舰——加利福尼亚级和弗吉尼亚级核动力导弹巡洋舰的计划。弗吉尼亚级共建造 4 艘，分别为"弗吉尼亚"号、"得克萨斯"号、"密西西比"号和"阿肯色"号。

首舰"弗吉尼亚"号于 1974 年下水，1976 年 9 月服役，其余 3 舰也都在 1980 年以前建成服役。由于"弗吉尼亚"号具有独立或协同其他舰艇对付空中、水下和水面威胁的作战能力，可在全球范围内执行各种作战任务。其主要任务是与核动力航母一起组成强大的特混编队，在危机发生时迅速开赴指定海域，提供远程防空、反潜、反舰保护，并支援两栖作战。自 20 世纪 80 年代以来，该级舰先后进行了几次改装，不但防空、反潜能力大幅提高，而且还首次具备了对地攻击能力，大大提高了该级舰执行任务的灵活性。

基本参数

舰长	178.3米
舰宽	19.2米
吃水	9.6米
排水量	8623吨（标准） 11300吨（满载）
航速	大于30节
舰员编制	562人
动力系统	2座核反应堆 2台涡轮机

■ 性能特点

弗吉尼亚级核动力导弹巡洋舰装备了当时美国海军最先进的综合指挥系统和武器系统，主要有"战斧"导弹、"鱼叉"导弹、"标准"导弹、"阿斯洛克"反潜导弹和 127 毫米舰炮。其中"阿斯洛克"反潜导弹是一种全天候、全海况反潜导弹系统，可携带 TNT 当量为千吨级的 MK17 核深水炸弹。它还设有 7 台 UYK-7 型计算机、19 个操作显控台等组成的全集成作战指挥系统。

▲ 弗吉尼亚级核动力导弹巡洋舰行驶中

知识链接 >>

　　弗吉尼亚级核动力导弹巡洋舰的防护、补给性能比起前辈加利福尼亚级都有所提高，可自动监测全舰管损和协调消防设施，且在各方面设计都从自动化考虑，因而比加利福尼亚级减少舰员 100 人左右。此外，它还着重考虑了全舰的居住性，其生活条件较为舒适，有利于舰员在海上长期生活，执行作战任务。

提康德罗加级导弹巡洋舰（美国）

■ 简要介绍

提康德罗加级导弹巡洋舰是美国海军于20世纪70年代研制的第一种正式使用宙斯盾的主战舰艇。早在20世纪60年代中期，美国海军开始进行"先进水面导弹系统"计划，旨在研发一种先进的舰载战斗系统装备于航空母舰护卫舰上，以出色的防空管制能力同时处理大量目标并有效应对来自空中、水面与水下的威胁，这就是宙斯盾作战系统。最初计划将该系统安装于改良自弗吉尼亚级的核动力导弹巡洋舰上，但由于成本太高作罢。1977年，美国海军提出高低搭配方案，打算将斯普鲁恩斯级驱逐舰的舰体修改成一种传统动力宙斯盾舰艇——提康德罗加级导弹巡洋舰。当时，美国海军提出首舰的5.1亿美元建造预算，并于1978年9月22日与英格尔斯船厂签署首舰合约。

里根上任美国总统后，提出了美国海军维持600艘舰艇规模的政策，提康德罗加级巡洋舰订单达到惊人的27艘。首舰"提康德罗加"号于1981年4月25日下水，1983年1月22日服役，2004年9月30日退役。末舰"皇家港"号于1992年11月20日下水，1994年7月9日服役。

基本参数

基本参数	
全长	172.8米
全宽	16.8米
吃水	6.5米
动力	4台通用电气LM2500燃气轮机全燃联合动力方式（COGAG）
排水量	9480吨
最高速度	30节
乘员	364人

■ 结构性能

提康德罗加级导弹巡洋舰的最大特点是首次装备了宙斯盾战斗系统。该系统反应速度快，主雷达从搜索方式转为跟踪方式仅需0.05秒，能有效对付掠海飞行的超音速反舰导弹；抗干扰性能强，可在严重电子干扰环境下正常工作；可综合指挥舰上的各种武器，同时拦截来自空中、水面和水下的多个目标，还可自动评估、优先击毁威胁最大的目标。

▲ 提康德罗加级导弹巡洋舰发射"战斧"巡航导弹

相关链接 >>

提康德罗加级导弹巡洋舰作为美国海军唯一一级现役巡洋舰，其主要武器装备有：2门 MK-45 127 毫米 54 倍径舰炮，2 具 MK-26 Mod5 双臂发射器，可装填"标准"SM-2MR 防空导弹或"阿斯洛克"反潜导弹，16 组八联装 MK-41 垂直发射器，可装填"标准"SM-2 防空导弹、"战斧"巡航导弹、垂直发射反潜导弹。21 世纪又增加了 ESSM 短程防空导弹、"标准"SM-3 反弹道导弹、战术型"战斧"巡航导弹等。

1164型光荣级导弹巡洋舰
（苏联/俄罗斯）

■ 简要介绍

1164型光荣级导弹巡洋舰是苏联和俄罗斯海军于20世纪70年代研制的大型传统动力攻击巡洋舰。20世纪60年代后期，苏联面对美国愈发强大的水面舰艇兵力，开始建造航空母舰等大型水面舰艇。苏联海军为了配合其远洋航空母舰，弥补1144型核动力巡洋舰的数量不足的问题，开始建造一型经济和缩小版的1144型，即1164型导弹巡洋舰。

该级巡洋舰原本计划建造8艘，完成服役的仅有3艘。首舰"光荣"号于1976年5月11日开工，1982年12月30日服役，1995年5月15日改称"莫斯科"号，现服役于俄罗斯黑海舰队，为俄罗斯海军黑海舰队旗舰。2号舰"洛博夫海军元帅"号于1978年10月5日开工，1986年9月15日服役，后改称"乌斯季诺夫元帅"号，服役于俄罗斯海军北方舰队，2013年则转隶俄太平洋舰队。3号舰"红色乌克兰"号于1979年7月31日开工，1989年12月25日服役，1995年12月21日改用未建成的库兹涅佐夫级航母后续舰的命名——"瓦良格"号。

基本参数	
舰长	186.4米
舰宽	20.8米
吃水	6.28米（标准） 8.4米（满载）
排水量	9300吨（标准） 11280吨（满载）
航速	32.5节
续航力	7000海里/18节 2100海里/30节
舰员编制	529人
动力系统	COGOG全燃联合；2台巡航用燃气轮机；4台加速用燃气轮机；2台废气循环巡航用锅炉

■ 性能特点

1164型光荣级导弹巡洋舰以先进的全燃联合动力装置作为推进系统，最高航速可达35节。同时，其武器和电子设备要比美国同类舰多得多，仅防空、反舰导弹发射装置就达18座之多。反舰作战装备主要有SS-N-12"沙箱"反舰导弹，T3-31或T3CT-96反潜反舰两用鱼雷等；防空作战系统主要有"雷声"SA-N-6导弹，SA-N-4"壁虎"导弹及电子对抗系统等。

▲ 航行中的 1164 型光荣级导弹巡洋舰

知识链接 >>

苏联战后共发展了三代导弹巡洋舰：第一代为肯达级，共 4 艘，舰上主要装备远程对舰导弹，以反舰为主；第二代为克列斯塔级和卡拉级，共 21 艘，舰上装备最多的是舰空导弹和反潜武器，以防空、反潜为主；第三代为基洛夫级和光荣级，共 7 艘，用于为航母护航和自行组建特混编队，以防空、反舰、反潜和对陆攻击为主。

1144型基洛夫级核动力导弹巡洋舰

（苏联/俄罗斯）

■ 简要介绍

1144型基洛夫级核动力导弹巡洋舰，是苏联和俄罗斯海军于20世纪70年代建造的一级大型核动力导弹巡洋舰。20世纪60年代，苏联海军与美国海军为争夺海洋展开了激烈的军备竞赛，苏联海军为实现从近海走向远洋、从防御走向进攻，专门制订了海军发展规划，1144型巡洋舰即组成部分之一。

1970年设计方案通过，本级舰共建4艘。首舰"基洛夫"号于1974年3月26日开工，同时意味着1144.1工程正式开工。1977年12月27日下水，1980年12月30日完工。2号舰"伏龙芝"号于1978年7月27日开工，1984年10月31日完工。3号舰"加里宁"号于1983年3月21日开工，1984年10月31日完工。4号舰"尤里·安德罗波夫"于1986年3月11日开工，1988年12月30日完工。1992年5月27日，俄罗斯海军对现役4艘1144型巡洋舰进行改名："基洛夫"号更名为"乌沙科夫海军上将"号；"伏龙芝"号更名为"拉扎列夫海军上将"号；"加里宁"号更名为"纳希莫夫海军上将"号；"尤里·安德罗波夫"号更名为"彼得大帝"号。

基本参数	
舰长	250.1米
舰宽	28.5米
吃水	7.8米
排水量	23750吨（标准） 25860吨（满载）
航速	31节
续航力	14000海里/30节
舰员编制	759人
动力系统	2座核反应堆；2座蒸汽轮机；4座发电机；2座固定螺距螺旋桨

■ 性能特点

1144型基洛夫级核动力导弹巡洋舰的武器系统集中体现了苏联海军最现代化的技术。其反舰导弹率先采用垂直发射系统和圆环形排列导弹方式。上甲板是"花岗岩"远程反舰导弹系统，共有20枚SS-N-19导弹。火炮系统由火控计算机、多波段雷达、电视、光学目标瞄准器组成。防空系统由三道防线组成，SA-N-6防空导弹为第一道，SA-N-9防空导弹为第二道，SA-N-4为第三道。

▲ 行驶中的 1144 型基洛夫级核动力导弹巡洋舰

知识链接 >>

　　1144 型基洛夫级核动力导弹巡洋舰是俄罗斯海军第一级也是最后一级核动力水面战舰，也是排水量超过 20000 吨及使用核动力的现役巡洋舰，仅次于航空母舰。同时舰上装载超过 400 枚导弹，几乎涵盖现今全部海上作战武器系统，因此有"武库舰"的称号。因其强大的火力及超凡的吨位，又被西方军事家划分为战列巡洋舰。

王牌轰炸机

    轰炸机属于军用飞机之列，主要功能是投掷炸弹与发射导弹，除了发射常规导弹外，也能投掷核弹、巡航导弹，还可以发射空对地导弹，如空舰导弹、空地导弹。轰炸机的突击力强，飞行航程远，载弹量大，并且机动性强，是战场上空中突击的主要飞机。

    轰炸机有战术轰炸机、战役轰炸机和战略轰炸机三种。战术轰炸机一般能装载炸弹 3 至 5 吨，执行一般作战任务；战役轰炸机能装载炸弹 5 至 10 吨，有较强的战斗能力；战略轰炸机能装载炸弹 10 至 30 吨，显示出强大的威胁能力，是名副其实的超级轰炸机。

    战略轰炸机是战略核力量的重要组成部分，是大当量核武器的主要运载工具之一。它既能带核弹，也能带常规炸弹；既可以近距离投放核炸弹，又可以远距离发射巡航导弹，做战略进攻武器使用。

    现在世界上超级轰炸机有俄罗斯的图 –160 战略轰炸机、美国的 B–2 隐形战略轰炸机等。超级轰炸机是"三位一体"战略核力量之中不可缺少的一部分。作为超级轰炸机的战略轰炸机，可载弹 10 至 30 吨，航程 8000 至 13000 千米，最大起飞重量超过 100 吨，也称远程轰炸机。

    轰炸机在历次战争中发挥着举足轻重的作用。它们以强大的轰炸能力，对敌方战略目标实施精确打击，有效摧毁敌方军事设施、交通枢纽等关键目标。从一战和二战的侦察与轰炸，到冷战期间的威慑力量，轰炸机在战争中的地位日益凸显。在现代战争中，轰炸机更是成为空中力量的重要支柱，对战争的胜败产生深远影响。

B-29 "超级空中堡垒" 轰炸机

（美国）

■ 简要介绍

B-29 "超级空中堡垒" 轰炸机是美国生产的四引擎重型螺旋桨轰炸机，也是二战期间美国陆军航空兵在亚洲战场的主力战略轰炸机。

早在美国卷入二战以前，美国陆军航空队司令亨利·阿诺德便希望能够发展一种长距离战略轰炸机，应付可能需要对纳粹德国进行长程轰炸的情况。波音公司以非常成功的 B-17 为蓝本，设计出划时代的 B-29。

B-29 "超级空中堡垒" 轰炸机于 1940 年正式启动研制工作，并于 1942 年 9 月成功首飞。该机型的总生产量达到了约 3900 架，其设计和制造耗资高达 30 亿美元，成为战争期间最昂贵的项目之一。该轰炸机采用了平直翼四发气动布局，是当时各国空军中最大型的飞机之一。

B-29 "超级空中堡垒" 轰炸机在二战期间发挥了至关重要的作用，其中最著名的任务之一是 1945 年 8 月向日本的广岛和长崎投掷了原子弹，加速了日本的投降和战争的结束。

基本参数

基本参数	
长度	30.18米
翼展	43.05米
高度	8.46米
空重	33.8吨
最大起飞重量	54.4吨
发动机	4台莱特R-3350-23机械增压星形活塞发动机
最大速度	574千米/时
实用升限	10千米
最大航程	9010千米

■ 性能特点

B-29 "超级空中堡垒" 轰炸机性能优异，从现在的眼光来看，没什么新奇之处，但在当时是一个划时代的研制成果。为了提高其性能，机身的流线型达到最高境界，为了多装炸弹，不惜牺牲机身设计的其他功能。B-29 装了 4 台活塞式发动机，动力充足，速度高，每台发动机承连的炸弹重量是当时的新世界纪录。

▲ B-29 "超级空中堡垒" 轰炸机投弹

相关链接 >>

B-29 "超级空中堡垒" 轰炸机不单是二战时最大型的飞机，同时也是集各种新科技的先进武器。第二次世界大战后，B-29 在美国空军继续服役了很长一段时间，在随后的战争中，19 个不同的变种机型扮演了多种多样的角色——气象侦察、空中加油和作为超音速飞机研究的实验台等。直到 20 世纪 60 年代早期，该机型全部退役。

B-36 "和平缔造者" 轰炸机

（美国）

■ 简要介绍

B-36 "和平缔造者" 轰炸机是美国康维尔公司按美国空军1941年提出的发展比B-29更大和航程更远的战略轰炸机的要求而开始研制的。

1941年初，纳粹德国空军在欧陆上空肆虐，一旦美国介入欧洲战场，则失去攻击纳粹占领下欧洲的前进基地，为应变此等劣势的发生，同年4月，由美国陆军航空军提出"超级巨人机"的初步构想，发展一种可自美国北部或加拿大基地起飞，直接轰炸含柏林在内的作战半径战略目标，往返大西洋两岸之间，而不需空中加油的长途重型轰炸机。

10月，美国陆军航空军对康维尔、波音和诺思罗普等几家飞机公司提出的设想进行筛选，最后决定由康维尔公司进行洲际轰炸机研制，新飞机编号B-36。然而，由于日本偷袭珍珠港及英国转危为安的局势发展，美国航空部门不得不将主要资源用于B-17、P-51等战机的生产，B-36的研制进度被耽搁。直到战争结束整整一年之后，原型机XB-36才开始试飞。1947年8月30日，首架生产型B-36正式服役。

基本参数

长度	49.4米
翼展	70.14米
高度	14.26米
空重	72吨
最大起飞重量	186吨
发动机	6台普惠R-4360-41发动机；3台通用电气J47-GE-19发动机
最大速度	707千米/时
实用升限	21千米
最大航程	16000千米

■ 性能特点

B-36 "和平缔造者" 轰炸机是绝对的"空中巨无霸"，最大起飞重量高达186吨，相当于3架B-29；它的10台发动机相当于9部火车头或400辆军用卡车；其装载的燃油足够一个内燃机车头绕地球行驶10圈；它的高空除冰系统能为一个拥有600间客房的饭店提供足够的暖气；其最大航程达到惊人的16000千米，地球上几乎没有目标不处于其打击范围以内。

▲ B-36"和平缔造者"轰炸机飞行

相关链接 >>

在 B-52"同温层堡垒"轰炸机服役前，B-36"和平缔造者"轰炸机在起飞重量、载弹量、续航力及滞空时间等多个领域保持着冠军的称号。在 20 世纪 40 年代末和 50 年代初，B-36 是美国空军远程战略轰炸威慑力量的中流砥柱，但是它从未参与过任何作战行动。不过在 20 世纪 50 年代中期，由 B-36 改装的侦察飞机在苏联的领土周边或领土上空执行过危险的侦察任务。

B-52 "同温层堡垒" 轰炸机
（美国）

■ 简要介绍

　　B-52 "同温层堡垒" 轰炸机是美国波音公司于 20 世纪 50 年代研制的一种远程战略轰炸机。1946 年 2 月 13 日，美国陆军航空军开始对新一代战略轰炸机研发进行招标，波音、马丁和统一伏尔梯（康维尔公司前身）三家美国航空公司分别提交了各自的设计参数和成本报价。尽管波音公司的 Model 462 航程短，结构也未进行任何测试，但美国军方还是于 1946 年 6 月 5 日宣布 Model 462 方案赢得合同，并在当月中旬得到了军方 XB-52 的试验型编号。

　　第一次柏林封锁危机使美军蒙受来自苏联的庞大压力，加紧了对 B-52 的研制工作。1950 年 2 月，李梅将军在空军参谋部要求资深官员会议批准使用 Model 464-67 方案。1950 年 3 月 24 日，会议核准了这一决定。1951 年，美国空军最终同意由波音生产新型战略轰炸机，编号 B-52。1952 年第一架原型机首飞，1955 年批生产型开始交付使用，1962 年停止生产，总共生产了 744 架，至今仍在服役。

基本参数	
长度	48.5米
翼展	56.4米
高度	12.4米
空重	83吨
最大起飞重量	220吨
发动机	8台普惠TF-33-P-3；103型涡扇发动机
最大速度	1047千米/时
实用升限	15千米
最大航程	16232千米

■ 性能特点

　　B-52 "同温层堡垒" 轰炸机细长的直筒形机身在尾部逐渐收细，采用传统的全金属半硬壳设计。其弹舱内特制的双层挂架上可以密集携带 4 枚 MK28；MK39 基本上是 "红翼鸫" 核试爆中，B-52 投掷的 MK15 核弹的减速伞型；MK53 战略核炸弹也是专为 B-52 弹舱内挂面设计的。为增强突防能力，B-52 还装备了美国第一种战略空地导弹 AGM-28 "大猎犬" 巡航导弹。

▲ B-52 "同温层堡垒"轰炸机侧面

相关链接 >>

B-52 "同温层堡垒"轰炸机现役76架,仍然是美国空军战略轰炸主力,2018年9月,美国空军宣布将对B-52战略轰炸机进行升级和改造,将挂载高超声速武器,承担防区外打击的重要任务,成为美军第一代高超声速打击武器作战平台,美军计划让这种飞机继续服役到2050年,因为它是美国战略轰炸机中可以发射巡航导弹的唯一型号。

B-2 "幽灵"隐形轰炸机（美国）

■ 简要介绍

B-2 "幽灵" 隐形轰炸机是美国诺斯罗普公司于 20 世纪 80 年代研制的一种隐形战略轰炸机。

20 世纪 70 年代，冷战正酣，苏联大力发展各种中远程防空导弹和高空高速国土防空拦截机，如 S-300（萨姆-10）全空域防空导弹系统和米格-31 高空超音速拦截战斗机等。为能隐秘地突破苏联防空网，寻找并摧毁苏军的洲际弹道核导弹发射基地和其他重要战略目标，美国空军提出要制造一种新的战略轰炸机。

1980 年 9 月，美国空军颁布了 ATB 的方案征询书，由于该项目在成本和技术方面存在着严峻的挑战，所以空军鼓励航空航天企业间进行合作。于是出现了两大竞争阵营——洛克希德和罗克韦尔团队以及诺斯罗普、波音和凌-特姆科-沃特团队。1981 年 10 月 20 日，美国空军宣布诺斯罗普成为合同的赢家，飞机编号 B-2，并签订了 6 架试飞用机和两架静态测试机的初始合同，外加 127 架生产型轰炸机的意向订货。1989 年 7 月，原型机首飞，1997 年 4 月，首批 6 架 B-2 轰炸机正式服役，至今仅生产 21 架。

基本参数	
长度	21米
翼展	52.4米
高度	5.18米
空重	71.7吨
最大起飞重量	170.6吨
发动机	4台通用电气F118-GE-100无后燃器涡扇发动机
最大速度	1163千米/时
实用升限	15千米
最大航程	12000千米

■ 性能特点

B-2 "幽灵" 隐身轰炸机没有垂尾或方向舵，从正上方看就像一个大尺寸的飞行器。它最主要的特点就是高隐身能力，能够穿过严密的防空系统进行攻击，其隐身并非仅局限于雷达侦测，也包括降低红外线、可见光与噪声等不同信号。该轰炸机能携带 16 枚 AGM-129 型巡航导弹，也可携带 80 枚 MK82 型或 16 枚 MK84 型普通炸弹，当使用核武器时可携带 16 枚 B63 型核炸弹。

B-2"幽灵"隐形轰炸机隐形性能可与小型的 F-117 攻击机相比，而作战能力却与庞大的 B-1B 轰炸机类似。B-2 每次执行任务的空中飞行时间一般不少于 10 小时，2002 年 2 月又增加了使用联合防区外空对地导弹 JASSM 的能力，因而美国空军称其具有"全球到达"和"全球摧毁"能力。

▲ B-2 "幽灵"隐形轰炸机战斗群

图-95"熊"轰炸机（苏联/俄罗斯）

■ 简要介绍

　　图-95"熊"轰炸机是苏联图里波夫飞机设计局于20世纪50年代研制的一型远程战略轰炸机。1950年，苏联空军发现，图-4以及图-80甚至更大型的图-85均不足以符合轰炸任务中的毁灭性的杀伤要求，更无法与美国空军当时的全天候轰炸机相较长短，因此对图波列夫设计局提出研制新型轰炸机的要求：轰炸机必须在不重复落地加油的情形下至少要具备8000千米的航程；必须至少能携载11吨的武器。图-95"熊"轰炸机由苏联图波列夫飞机设计局于1951年开始研制，1954年首架原型机试飞，并于1956年开始交付使用。这款轰炸机以其独特的四台涡桨发动机设计和卓越的续航能力而闻名，是冷战时期苏联空军的重要威慑力量。该轰炸机自服役以来，一直是苏联/俄罗斯战略轰炸机机队的重要组成部分。

基本参数	
长度	46.7米
翼展	50米
高度	12.12米
空重	83.3吨
最大起飞重量	182吨
发动机	4台库兹涅佐夫NK-12MV型涡轮螺旋桨发动机
最大速度	870千米/时
实用升限	0.97千米
最大航程	13400千米

■ 性能特点

　　图-95"熊"轰炸机在设计上采用后掠机翼，翼上装4台涡桨发动机。主要武器为单座或双座AM-23毫米雷达控制机尾机炮，可携挂重量最大到25吨的多种炸弹和巡航、反舰导弹，尤其Kh-22N专门以35万吨当量核弹头针对美国航空母舰以及航母战斗群等目标。除用作战略轰炸机之外，图-95还可以执行电子侦察、海上巡逻反潜和通信中继等任务。

▲ 空中的图-95 "熊" 轰炸机

相关链接 >>

1956 年 3 月，苏联部长会议正式委托图波列夫设计局升级图-95，使之能携带即将投产的超级核武器，项目编号为图-95V。1961 年 10 月 30 日，苏联测试的人类历史上威力最大的人造爆炸装置"沙皇"氢弹，就是由图-95V 轰炸机投掷的。2007 年 8 月 18 日，俄罗斯总统普京宣布，停止 15 年之久的图-95 境外定期巡逻飞行任务恢复执行。

图-22M "逆火" 轰炸机

（苏联 / 俄罗斯）

■ 简要介绍

图-22M "逆火" 轰炸机是苏联图波列夫设计局于 20 世纪 60 年代研制的一型双发变后掠翼超音速远程战略轰炸机。图-22 轰炸机作为苏联的第一种超音速轰炸机，性能和航程不是非常令人满意，飞机加满油和导弹后，根本无法进行超音速飞行，就算到达目标附近时其速度达到 1.5 马赫，也无法有效规避当时北约的战斗机和防空导弹的拦截。因此，空军责成各设计局开发下一代超音速轰炸机来取代图-16 和图-22。

1965 年，苏联公布新设计方案的需求为航程至少 5000 千米，高空速率最少 2 马赫，低空穿透速率至少 1 马赫，载弹量 20 吨，并且能够在刚刚整备完成的前线机场操作。1966 年，苏联军方正式下令开发全新的图-22M 轰炸机。图波列夫设计局加紧设计，最后设计出的图-22M 优异地超出了军方的要求。1969 年 6 月，图-22M 第一款生产型终于出厂，1972 年首飞，总计生产了约 500 架，主要有图-22M0 至图-22M3 四种型号，于 1993 年停产，至今仍然在服役。

基本参数	
长度	42.46米
翼展	后掠角20度：34.28米 后掠角65度：23.3米
高度	11.05～11.08米
空重	58吨
最大起飞重量	124吨～126吨
发动机	2台库兹涅佐夫NK-25涡扇发动机
最大速度	2327千米/时
实用升限	13.3千米～13.4千米
最大航程	7000千米

■ 性能特点

图-22M "逆火" 轰炸机为双发变后掠翼布局，名义上为图-22 的改良型，实际上是一架全新设计的超音速战略轰炸机，性能大大超过图-22。最新型的图-22M3 轰炸机最大武器挂载 24 吨，机翼和机腹下可挂载 3 枚 Kh-22 空对地导弹及各型精确制导炸弹，还具有陆上和海上下视能力的远距探测雷达、轰炸导航雷达、多普勒导航、SRZO-2 敌我识别器和计算系统。

相关链接 >>

图-22M "逆火" 轰炸机既可以进行战略核轰炸，也可以进行战术轰炸，尤其是携带大威力反舰导弹，远距离快速奔袭，攻击航空母舰编队，部署在任何一个地方，都对战略空间是一种巨大的威慑。

更为先进的 Kh-101 型导弹也配备常规弹头，由于其圆误差概率仅为 10 米，也被称为 "高精度导弹"。

▲ 图-22M "逆火" 轰炸机起飞

图-160 "海盗旗" 轰炸机

(苏联/俄罗斯)

■ 简要介绍

图-160 "海盗旗" 轰炸机是苏联图波列夫设计局和米亚西舍夫设计局自 20 世纪 70 年代开始研制的超音速变后掠翼远程战略轰炸机。1967 年，苏联空军提出设计一种多用途洲际轰炸侦察机，在 18000 米高空速度为每小时 3200 至 3500 千米，高空亚音速航程 16000 至 18000 千米，具有超音速巡航能力。最初竞标的是苏霍伊设计局和米亚西舍夫设计局。然而专家们研究后认为，按当时的技术条件，研制这种飞机是不现实的，因而项目中止。

1970 年，苏联空军降低了技术要求，最大亚音速航程缩减为 14000 至 16000 千米，冲刺速度为 2000 千米/时。参加竞标的为图波列夫设计局和米亚西舍夫设计局，评审结果图波列夫设计局获胜，内部设计编号为 70 号工程。然而图波列夫设计局的研制并不顺利，1975 年 1 月，图波列夫设计局停止设计工作，转而改由米亚西舍夫设计局来设计。因此可以说，图-160 是上述两家设计局共同设计的。1981 年 12 月 19 日，图-160 原型机首飞，1987 年开始装备部队，1988 年形成初始作战能力，至今共生产 25 架。

基本参数	
长度	54.1米
翼展	全后掠（20° 后掠角）：35.60米 全展开（65° 后掠角）：55.70米
高度	13.2米
空重	118吨
最大起飞重量	275吨
发动机	4台库兹涅佐夫NK-32涡扇发动机
最大速度	2500千米/时
实用升限	21千米
最大航程	12300千米

■ 性能特点

图-160 "海盗旗" 轰炸机的体型比美国 B-1 轰炸机大将近 35%，同时装备着推力强劲的军用航空发动机，速度比 B-1 快 80%，航程多出将近 45%。它有两个武器舱，均可容纳一个能发射 6 枚 AS.15 "撑竿" 亚音速空射巡航导弹的旋转发射架，也可携带巡航导弹、短距攻击导弹、核弹、常规炸弹和鱼雷等多种武器，此外也可以携带常规炸弹。

▲ 图-160 "海盗旗"轰炸机飞行

相关链接 >>

图-160 "海盗旗"轰炸机的作战方式以高空亚音速巡航、低空亚音速或高空超音速突袭为主,因此安装有齐备的火控、导航系统, 有能够在远距离预先发现地面和海上目标的预警雷达, 此外还可以低空突袭, 用核弹头的炸弹或发射导弹攻击重要目标, 为此安装了光电瞄准具、地形跟踪系统、主动和被动的电子对抗系统和空中加油系统等。

王牌航母

　　航空母舰是为舰载机提供海上活动基地的大型水面战斗舰艇。

　　现代的航空母舰按排水量可分为小型航空母舰、中型航空母舰和大型航空母舰。一些大型航空母舰是超级航空母舰，主要在美国海军中。

　　航空母舰分为常规动力和核动力两种，主要用于攻击水面战斗舰艇和潜艇，打击陆上目标、沿海基地和港口设施，夺取作战海区的制空权、制海权、制电磁权、支援登陆作战等。航空母舰攻击威力大，机动性、适航性、耐波性好，防护能力强，通常与巡洋舰、驱逐舰、护卫舰、潜艇和补给舰等护航舰船组成航空母舰战斗群，执行作战任务。舰队中的其他船只为航空母舰提供保护和供给，而航空母舰则提供空中掩护和远程打击能力。

　　航空母舰在历次战争中均扮演着举足轻重的角色。它们作为海上移动机场，搭载战斗机、轰炸机等多种战机，可对敌方实施远程精确打击。从二战中的珊瑚海海战、中途岛海战，到现代的海上军事行动，航空母舰均展现出了强大的作战能力和战略价值。其存在不仅提升了海军的整体实力，还对战争的进程和结果产生深远影响。可以说，航空母舰是现代海战中的核心力量。

福莱斯特级航空母舰（美国）

■ 简要介绍

　　福莱斯特级航空母舰是美国在二战结束后建造的第一级航空母舰。二战末期核炸弹的出现，使核武器被视为决定各国整体战略优劣的新宠。1947年美国空军成立，大力宣传建立陆基重型战略轰炸机队；而美国海军不愿失去原有地位，则提出建造8艘"美国"级超级航母。1948年7月，美国总统杜鲁门批准了建造计划，但美国空军、陆军极力反对。1949年3月，支持超级航母计划的美国首任国防部长詹姆斯·福莱斯特因病辞职，继任者路易斯·强森却私自下令取消建造。为此，数位美国海军高阶将领辞职抗议，詹姆斯·福莱斯特则在5月22日自杀。经过激烈抗争，1950年10月30日，海军部长弗朗西斯·马修斯批准，为纪念詹姆斯·福莱斯特，首舰命名为"福莱斯特"。首舰"福莱斯特"号于1952年7月14日开工，1955年10月1日服役；2号舰"萨拉托加"号于1952年12月16日动工，1956年4月14日服役；3号舰"游骑兵"号于1954年8月2日动工，1957年8月10日服役；4号舰"独立"号于1955年7月1日动工，1959年1月10日服役。如今该级4艘舰已经全部退役。

基本参数

基本参数	
舰长	331米
舰宽	76米
吃水深度	10.8米
满载排水量	79250吨
飞行甲板	301.8米×76.3米
航速	30～33节
续航力	4000海里/20节
舰员编制	2720～2900人
动力系统	4台减速齿轮式蒸汽轮机 8台锅炉

■ 性能特点

　　福莱斯特级航空母舰采用了美国早年所有的研究成果，做了许多重大的改进，其中主要采用了三项新技术，即斜角飞行甲板、蒸汽弹射器和光学着陆系统，这些创新增加了飞机出动率，显著提高了作战安全性。在武器上，最初装有8门单管127毫米火炮，改装后加了水面舰艇鱼雷防御系统、MK36 SRBOC6管电子对抗红外曳光弹、SLQ-36"水精"拖曳式诱饵等。

▲ 福莱斯特级航空母舰与战斗机

知识链接 >>

　　福莱斯特级航空母舰是首批为配合装备喷气式飞机而专门设计建造的航空母舰。该级航母首次采用蒸汽弹射器，斜角、直通混合布置的飞行甲板，是美国第一个从建造时就设有斜角飞行甲板的航母，从而形成了美国当今航母的基本模式，美国海军还以该级航母为基础，改进建造了后来的小鹰级航空母舰。

小鹰级航空母舰（美国）

简要介绍

小鹰级航空母舰是美国海军设计建造的最后，也是最大的一级常规动力航空母舰。20世纪60年代初期，美国海军完成了全球首艘核动力航空母舰"企业"号的建造，但由于造价过于昂贵，美国海军并未继续建造后续舰型，而是在同一时期继续建造成本较低的福莱斯特级航空母舰。福莱斯特级虽然当时被称为"超级航空母舰"，但在前几艘的服役过程中仍发现了一些不足，一些因设计建造而导致的缺点日渐显露。1956至1968年期间，美国从建造第5艘福莱斯特级开始进行大幅度改进，由于改进较大且连续建造了4艘，因此将其重新命名为小鹰级航空母舰。1956年12月27日，小鹰级航空母舰首舰"小鹰"号在纽波特纽斯造船及船坞公司开工建造，1960年5月21日下水，1961年4月29日服役。后续3艘依次为"星座"号、"美国"号、"肯尼迪"号。作为福莱斯特级航空母舰的改进版本，小鹰级主要任务是用舰载机对水面、空中和陆上目标进行攻击作战。如今4艘舰已全部退役。

基本参数	
舰长	323.6米
舰宽	39.6米
吃水深度	11.4米
满载排水量	81780吨
飞行甲板	318.8米×76.8米
航速	30~32节
续航力	12000海里/20节
舰员编制	5480人
动力系统	8台锅炉 4台蒸汽轮机

性能特点

小鹰级航空母舰总体上沿袭了福莱斯特级的设计，但其飞行甲板面积有所增加，布局也有所改良，在上层建筑、防空武器、电子设备、舰载机配备等方面做了较大改进。虽然仍采用直角加斜角式飞行甲板组合，但优化了整体结构；武器装备有"小猎犬"防空导弹，后更换为3座八联装MK29"海麻雀"防空导弹，采用半主动雷达制导，3座MK16型密集阵6管20毫米速射炮。

▲ 行驶中的小鹰级航空母舰

知识链接 >>

　　"小鹰"号航空母舰是以美国北卡罗来纳州的小鹰镇命名，当地也是莱特兄弟首次成功飞行的地点。最初"小鹰"号与"星座"号由纽波特纽斯公司同期制造，但1960年底，"小鹰"号船体接近完工时发生了一场火灾，船体损坏严重。为使首舰如期下水服役，便调换了"小鹰"号与"星座"号的船体，因而"小鹰"号可视为它与"星座"号的结合体。

"企业"号（CVN-65）航空母舰（美国）

■ 简要介绍

　　"企业"号航空母舰是美国海军及世界第一艘核动力多用途超大型航空母舰。二战结束后，美国为了保持海军优势以实现其全球战略目标，一方面淘汰一批舰龄长、吨位小、性能差的航母，封存或报废大部分战列舰，同时着手设计一批载机多、性能好、适应现代海战需要的超大型航母，相继建成了"福莱斯特"号、"萨拉托加"号等大型航母。但由于飞机尺寸、重量和速度的增加以及引进燃料耗量极大的喷气推进，人们对航空母舰提出了更高要求。

　　1950年，经美国"核潜艇之父"里科弗多方游说，美国海军作战部长谢尔曼认为美国不仅需要核潜艇，还需要建造一艘核动力航母。1954年9月30日，美国第一艘核潜艇"鹦鹉螺"号正式服役的消息轰动全球。受此鼓舞，1956年1月，美国海军正式批准开始核动力航母研制。原定建造6艘，但最终仅完工1艘。1958年2月4日，"企业"号核动力航空母舰在纽波特纽斯公司开工建造，1960年9月24日下水，1961年11月25日服役，2012年12月1日退役。

基本参数

舰长	342.3米
舰宽	40.8米
吃水深度	11.9米
满载排水量	94000吨
飞行甲板	331.6米×76.8米
航速	33～35节
续航力	400000海里/20节
舰员编制	5695人
动力系统	8座A2W型压水堆 4台蒸汽轮机 4台应急柴油机

■ 性能特点

　　"企业"号航空母舰是美国海军唯一一艘具有8座核反应堆并配置有四片方向舵的航空母舰，它还拥有罕见的、类似于巡洋舰的高速船壳设计，除了革命性地首度采用了核动力推进方式之外，还搭载有当时最先进的相控阵雷达技术，比传统旋转式雷达追踪更多空中目标。为了配合相控阵雷达的安装，"企业"号还拥有独特的方形舰桥。

▲ "企业"号（CVN-65）航空母舰上的 F-14 "熊猫"战斗机

知识链接 >>

美国海军原计划建造 6 艘企业级航空母舰，但因为当时核动力技术不成熟，再加上造价超过预期，军方被迫取消剩余的订单，转而建造传统动力的小鹰级航母以替补缺额。在这样的发展背景下，"企业"号航空母舰意外地成为一个孤立的舰级。不过，其设计思想对美国第二代核动力航空母舰尼米兹级有着重要的影响。

尼米兹级航空母舰（美国）

■ 简要介绍

尼米兹级航空母舰是美国海军第二代核动力航空母舰，并取代"企业"号成为当时世界现役排水量最大的军舰。20世纪60年代，"航母无用论"的争执再起，反航母主义者利用航母平台的局限性和反介入武器来批评航母的价值。但1965年越战爆发，使美国国防部与国会再次认识到航母的价值，于是国防部长罗伯特·麦克纳马拉支持美国海军保有15艘航空母舰，导致美国第二代核动力航母尼米兹级出现。首舰"尼米兹"号于1968年6月由纽波特纽斯公司开工建造，1972年5月下水，1975年5月服役。它搭载的7种不同用途的舰载飞机可以对敌方飞机、船只、潜艇和陆地目标发动攻击，可以支援陆地作战，保护海上舰队，可以在航空母舰周围方圆几百海里的海面上布雷，实施海上封锁，是美国海军远洋航母战斗群的核心力量之一。本级航母一共建造了10艘，后续有"艾森豪威尔"号、"卡尔·文森"号、"罗斯福"号、"林肯"号、"华盛顿"号、"斯坦尼斯"号、"杜鲁门"号、"里根"号、"布什"号，至今仍然是美国海军的主力。

基本参数（"尼米兹"号）

舰长	332.8米
舰宽	40.8米
吃水深度	11.3米
满载排水量	101196吨
航速	31.5节
舰员编制	6054人
动力系统	采用核动力推进

■ 性能特点

尼米兹级航母前两艘配备3套BPDMS系统，每套由一个MK-25八联装防空导弹发射器以及一个由人工操作的MK-71雷达/光学瞄准平台控制构成；后续舰则改用3套改良型防御导弹系统，包含MK-91火控雷达与MK-29轻量化八联装发射器，并加装4门MK-15 CIWS。前两艘在翻修时也换装了IPDMS、MK-15与MK-91，都装设了完整的海军战术资料系统以及反潜目标鉴定分析中心。

▲ 从尼米兹级航空母舰上起飞的 F-18 "大黄蜂" 战斗机

知识链接 >>

尼米兹级航空母舰的命名，源自美国海军名将、美国十大五星上将之一的切斯特·威廉·尼米兹。太平洋战争爆发后，尼米兹担任美国太平洋舰队总司令、太平洋战区盟军总司令等职务，主导对日作战，战后担任海军作战部长直至 1947 年退役。尼米兹于 1966 年逝世，为示纪念，美国将他的名字用于其去世后建造的第一艘航空母舰。

福特级航空母舰（美国）

简要介绍

福特级航空母舰是美国新一代超级航母。自1975年尼米兹级航空母舰订购首批3艘时，美国海军便展开一系列关于尼米兹级之后的未来航空母舰的概念方案，称为CVNX，涵盖小型、中型和大型航空母舰，总共有约50种设计方案。在其第一艘"福特"号正式定名之前，本级航空母舰原本被称为"CVN 21未来航母计划"。依照20世纪70年代中期以来的研究基础，CVN–21最初曾有不少十分前卫、超脱现今航空母舰设计的构型，不过考虑到成本、风险与实用性，最后还是选择由小鹰级到尼米兹级一脉相传的美国航空母舰构型进行改良。

首舰"福特"号于2005年8月11日开工建造，2013年10月3日完成了螺旋桨安装工作，10月11日，"福特"号举行船坞进水仪式，11月9日正式下水；2017年4月8日开始海试，2017年7月22日正式进入美国海军服役。截至2022年7月，已知美国海军已开工建造6艘福特级航空母舰，其中1艘建成服役，1艘已下水，另4艘正在建造中，计划到21世纪50年代建造10艘，取代尼米兹级成为美国海军舰队的新骨干。

基本参数	
舰长	337米
舰宽	41米
吃水深度	12米
满载排水量	112000吨
航速	大于30节
动力系统	采用核动力推进

性能特点

福特级航空母舰大量采用先进的侦测、电子战系统以及C4I设备（包括CEC协同接战能力），以符合美国海军未来IT–21联网作战的要求，指挥管制中枢是共同作战指挥系统（CommonC2System），能整合舰上一切指管通情与武器射控功能。防卫武器包括MK–15 Block 1B密集阵近程防御武器系统、RAM"公羊"短程防空导弹发射器、MK–29"海麻雀"防空导弹发射器等。

知识链接 >>

福特级航空母舰是美国第一种利用计算机辅助工具设计的航空母舰，应用虚拟影像技术，在设计过程就能精确模拟每一个设计细节，并且预先解决相关的布局问题，对各部件实际制造的掌握精确度也大幅提高。同时，许多团队在同一时间分别进行设计开发，节约了设计时间。

▲ 海上的福特级航空母舰

图书在版编目（CIP）数据

现代战争大杀器 / 吕辉编著 . -- 北京 : 海豚出版
社 , 2025. 1. -- ISBN 978-7-5110-7132-3

Ⅰ. E92-49

中国国家版本馆 CIP 数据核字第 2024CH1749 号

出 版 人：王　磊

责任编辑：刘　璇
责任印制：于浩杰　蔡　丽
法律顾问：中咨律师事务所　殷斌律师
出　　版：海豚出版社
地　　址：北京市西城区百万庄大街 24 号
邮　　编：100037
电　　话：010-68325006（销售）　010-68996147（总编室）
印　　刷：河北松源印刷有限公司
经　　销：全国新华书店及各大网络书店
开　　本：1/16（710mm × 1000mm）
印　　张：13.5
字　　数：200 千
印　　数：10000
版　　次：2025 年 1 月第 1 版　2025 年 1 月第 1 次印刷
标准书号：ISBN 978-7-5110-7132-3
定　　价：99.00 元